もくじ 小学5年生 計算・文章題

①	4年の復習 ①
②	4年の復習 ②
③	4年の復習 ③
④	4年の復習 ④
⑤	4年の復習 ⑤
⑥	4年の復習 ⑥
⑦	4年の復習 ⑦
⑧	まとめ・確にん問題 ①
⑨	ちょうせんじょう・たし算ピラミッド！
⑩	小数のかけ算 ①
⑪	小数のかけ算 ②
⑫	小数のかけ算 ③
⑬	小数のかけ算 ④
⑭	小数のかけ算 ⑤
⑮	小数のかけ算 ⑥
⑯	小数のかけ算 ⑦
⑰	まとめ・確にん問題 ②
⑱	ちょうせんじょう・図形さがし！
⑲	小数のわり算 ①
⑳	小数のわり算 ②
㉑	小数のわり算 ③
㉒	小数のわり算 ④
㉓	小数のわり算 ⑤
㉔	小数のわり算 ⑥
㉕	小数のわり算 ⑦
㉖	まとめ・確にん問題 ③
㉗	ちょうせんじょう・小数まほうじん！
㉘	整数の性質 ①
㉙	整数の性質 ②
㉚	整数の性質 ③
㉛	整数の性質 ④
㉜	分数のたし算 ①
㉝	分数のたし算 ②
㉞	分数のたし算 ③
㉟	まとめ・確にん問題 ④
㊱	ちょうせんじょう・サイコロづくり！
㊲	分数のたし算 ④
㊳	分数のたし算 ⑤
㊴	分数のひき算 ①
㊵	分数のひき算 ②
㊶	分数のひき算 ③
㊷	分数のひき算 ④
㊸	分数のひき算 ⑤
㊹	まとめ・確にん問題 ⑤
㊺	ちょうせんじょう・分数めいろ！
㊻	平均 ①
㊼	平均 ②
㊽	単位量あたり ①
㊾	単位量あたり ②
㊿	単位量あたり ③
51	単位量あたり ④
52	単位量あたり ⑤
53	まとめ・確にん問題 ⑥
54	ちょうせんじょう・ペントミノづくり！
55	割合 ①
56	割合 ②
57	割合 ③
58	割合 ④
59	割合 ⑤
60	かんたんな比例
61	まとめ・確にん問題 ⑦
62	まとめ・確にん問題 ⑧
63	まとめ・5年のまとめ ①
64	まとめ・5年のまとめ ②
	答え

べんきょうができたページはもくじのに色をぬってね。

くまのがっこう

〜くまのこきょうだい12ひきと　そのなかまたち〜

ディッキー　1ばんめ
誕生日：1月22日
とっても頼りになる、1ばんめのおにいちゃん。

ウーリー　2ばんめ
誕生日：2月22日
大工仕事がとくいな、2ばんめのおにいちゃん。

アントン　3ばんめ
誕生日：3月14日
読書家で、いつも本を持ち歩いています。

アルバート　4ばんめ
誕生日：4月3日
泣き虫さんなところもあるけど、心やさしいんです。

マックス　5ばんめ
誕生日：5月26日
照れ屋だけど、勉強は大のとくいです。

トフィー　6ばんめ
誕生日：6月15日
アメが大すきな食いしんぼうさんです。

ジャッキー　12ばんめ
誕生日：6月24日
12ひきのくまのこきょうだいの、いちばんしたの女の子。いたずらずきですが、めんどうみがよくて、やさしいんです。

ハリー　7ばんめ
誕生日：7月27日
虫がすきで、かんさつするのがにっかです。

ベルナルド　8ばんめ
誕生日：8月19日
きょうだいでいちばんのっぽで、のんびり屋さん。

チャッキー
誕生日：12月24日
ジャッキーの大親友のくろくまのぬいぐるみ。

ペーター　9ばんめ
誕生日：9月3日
きょうだいでいちばんの泣き虫さんです。

ヘルマン　10ばんめ
誕生日：10月1日
きょうだいでいちばんのがんこものです。

マーミームー
ちょうちょの仲良し三姉妹。

ロイ　11ばんめ
誕生日：11月19日
ジャッキーをいつも心配しています。

デイビッド
誕生日：5月9日
北極にすむ、しろくまの男の子。スポーツがとくいです。

ピッピとチッチ
いつもいっしょの小鳥のカップル。

くまのがっこう
グリーン・アイ・ゲッコウ山のてっぺんにある、ジャッキーたちのかよう学校です。

マオマオ
ジャッキーたちの飼っているウシさん。

ミルク
マオマオの子ども。ジャッキーとにたのか、とっても元気です。

チェリー
くまのがっこうにすむ野ねずみさん。2ひきの子ねずみを引きつれています。

1　4年の復習 ①

1．次の計算をしましょう。

① 24.8 + 45.5

② 64.7 + 25.9

③ 28.5 + 51.8

④ 3.64 + 2.78

⑤ 6.27 + 0.95

⑥ 1.57 + 6.74

⑦ 3.08 + 2.94

⑧ 3.95 + 1.76

⑨ 0.03 + 4.98

2． 野菜が、Aのカゴに3.46kgと、Bのカゴに3.54kg入っています。AとBの野菜は合わせて何kgですか。

式

答え　　　　kg

3. 次の計算をしましょう。

① 78.9 + 44.5

② 47.9 + 87.8

③ 65.7 + 48.7

④ 9.34 + 2.88

⑤ 6.87 + 6.46

⑥ 7.59 + 6.85

⑦ 5.26 + 7.79

⑧ 4.38 + 9.68

⑨ 5.68 + 4.89

⑩ 5.28 + 4.74

⑪ 1.39 + 8.64

⑫ 7.54 + 2.46

4. 2.55km歩いて休んだあと、2.75km歩きました。合わせて何km歩きましたか。

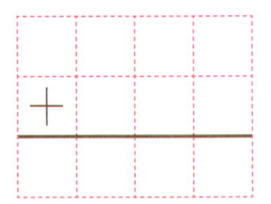

式

答え

2　4年の復習 ②

1. 次の計算をしましょう。

① 1.23 − 0.45

② 1.34 − 0.67

③ 1.45 − 0.77

④ 1.32 − 0.47

⑤ 1.61 − 0.86

⑥ 1.55 − 0.88

⑦ 5.63 − 0.97

⑧ 7.43 − 0.96

⑨ 4 − 0.85

2. 3mのリボンがあります。そのうち、0.75m使いました。リボンは、残り何mですか。

式

答え _____

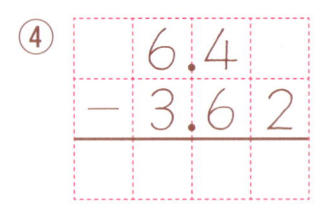

3. 次の計算をしましょう。

① 7.03 − 4.55
② 9.06 − 6.47
③ 8.03 − 5.18
④ 6.4 − 3.62
⑤ 8.3 − 1.58
⑥ 7.2 − 0.92
⑦ 7 − 3.51
⑧ 9 − 4.62
⑨ 6 − 3.05
⑩ 6.05 − 3.08
⑪ 5.7 − 3.94
⑫ 5 − 0.03

4. 厚さ3cmの板があります。表面を0.03cmけずりました。板の厚さは何cmになりましたか。

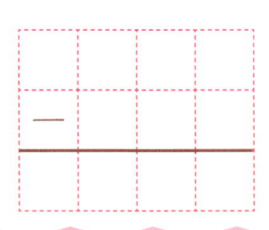

式

答え _____

3 4年の復習 ③

1. 次の計算をしましょう。

① 2.7 × 75

② 3.7 × 84

③ 4.6 × 68

④ 5.8 × 35

⑤ 6.4 × 79

⑥ 7.7 × 56

⑦ 8.3 × 97

⑧ 9.9 × 43

⑨ 4.3 × 96

2. 重さ5.8gの箱が45個あります。全体の重さは何gですか。

式

答え

3. 次の計算をしましょう。

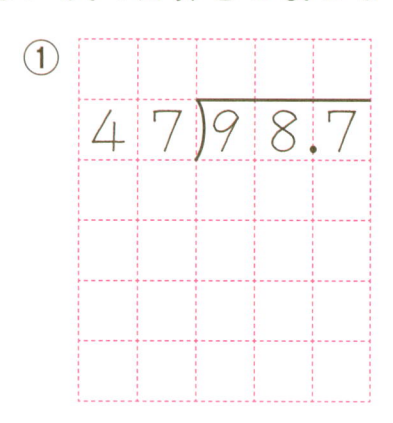

① 47)98.7

② 12)39.6

③ 83)91.3

④ 58)81.2

⑤ 26)57.2

⑥ 76)98.8

⑦ 42)88.2

⑧ 21)37.8

⑨ 32)89.6

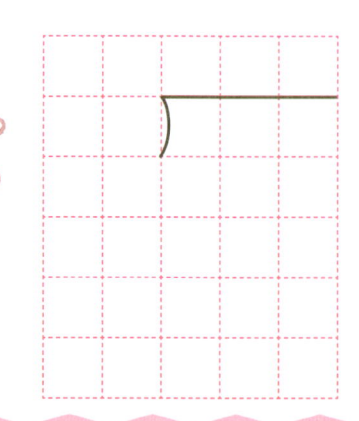

4. 82.8mのロープを23等分します。1本の長さは何mになりますか。

式

答え _____

4 4年の復習 ④

1. 次の計算をしましょう。

① 3.3 × 68

② 4.7 × 48

③ 5.9 × 58

④ 6.6 × 96

⑤ 7.9 × 65

⑥ 8.4 × 78

⑦ 9.5 × 57

⑧ 8.5 × 73

⑨ 9.4 × 46

2. たて6.8m、横75mの長方形の花だんがあります。この花だんの面積は何m²ですか。

式

答え

3. 次の計算をしましょう。

① 27)5.94　　② 57)9.12　　③ 34)5.78

④ 82)9.84　　⑤ 69)8.97　　⑥ 48)6.24

⑦ 18)1.98　　⑧ 74)9.62　　⑨ 49)6.86

4. 重さが6.72kgで長さが32mのロープがあります。このロープの1mの重さは何kgですか。

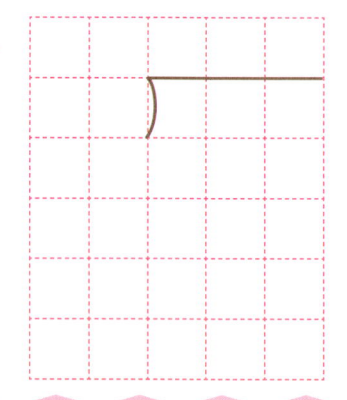

式

答え＿＿＿＿＿＿＿＿

5　4年の復習 ⑤

1. 次の計算をしましょう。

① 1.4 × 89

② 2.6 × 84

③ 3.5 × 36

④ 4.7 × 97

⑤ 6.8 × 83

⑥ 7.6 × 88

⑦ 1.5 × 78

⑧ 2.7 × 99

⑨ 3.6 × 69

2. たて3.6m、横36mの長方形の池があります。この池の面積は何m²ですか。

式

答え

3. 計算をして、商は小数第一位まで求め、あまりも出しましょう。

① 14)29.8　　② 44)93.1　　③ 66)92.8

④ 22)24.4　　⑤ 36)77.6　　⑥ 85)95.1

⑦ 21)46.1　　⑧ 45)99.9　　⑨ 78)94.1

4. 面積が46.2m²の長方形があります。
たての長さは21mです。横の長さは何mですか。

式

答え　　　　　m

6 4年の復習 ⑥

1. 次の計算をしましょう。仮分数はそのまま、もしくは整数にします。

① $\dfrac{4}{5} + \dfrac{4}{5} = \dfrac{8}{5}$

② $\dfrac{4}{7} + \dfrac{6}{7} =$

③ $\dfrac{8}{9} + \dfrac{5}{9} =$

④ $\dfrac{2}{3} + \dfrac{2}{3} =$

⑤ $\dfrac{6}{4} + \dfrac{3}{4} =$

⑥ $\dfrac{4}{5} + \dfrac{7}{5} =$

⑦ $\dfrac{2}{3} + \dfrac{5}{3} =$

⑧ $\dfrac{8}{6} + \dfrac{5}{6} =$

⑨ $\dfrac{7}{5} + \dfrac{11}{5} =$

⑩ $\dfrac{11}{7} + \dfrac{9}{7} =$

⑪ $\dfrac{7}{3} + \dfrac{10}{3} =$

⑫ $\dfrac{10}{8} + \dfrac{9}{8} =$

⑬ $\dfrac{3}{4} + \dfrac{5}{4} =$

⑭ $\dfrac{8}{3} + \dfrac{4}{3} =$

⑮ $\dfrac{13}{10} + \dfrac{7}{10} =$

⑯ $\dfrac{7}{6} + \dfrac{17}{6} =$

2. 次の計算をしましょう。答えは帯分数で表しましょう。

① $\dfrac{9}{7} + \dfrac{6}{7} = \dfrac{15}{7} = 2\dfrac{1}{7}$

② $\dfrac{3}{6} + \dfrac{8}{6} =$

③ $\dfrac{1}{4} + \dfrac{6}{4} =$

④ $\dfrac{6}{5} + \dfrac{3}{5} =$

⑤ $\dfrac{7}{8} + \dfrac{6}{8} =$

⑥ $\dfrac{9}{10} + \dfrac{8}{10} =$

⑦ $\dfrac{4}{3} + \dfrac{4}{3} =$

⑧ $\dfrac{9}{8} + \dfrac{10}{8} =$

⑨ $\dfrac{8}{6} + \dfrac{9}{6} =$

⑩ $\dfrac{5}{4} + \dfrac{6}{4} =$

⑪ $\dfrac{5}{3} + \dfrac{2}{3} =$

⑫ $\dfrac{11}{9} + \dfrac{14}{9} =$

3. かざりのついたロープが $\dfrac{7}{6}$ mと $\dfrac{11}{6}$ mあります。
2本のロープをつなぐと何mになりますか。

式

答え _____

7　4年の復習 ⑦

1. 次の計算をしましょう。仮分数はそのままにします。

① $\dfrac{8}{9} - \dfrac{4}{9} = \dfrac{4}{9}$　　② $\dfrac{6}{7} - \dfrac{3}{7} =$

③ $\dfrac{8}{5} - \dfrac{2}{5} =$　　④ $\dfrac{4}{3} - \dfrac{2}{3} =$

⑤ $\dfrac{9}{4} - \dfrac{6}{4} =$　　⑥ $\dfrac{11}{5} - \dfrac{7}{5} =$

⑦ $\dfrac{7}{3} - \dfrac{2}{3} =$　　⑧ $\dfrac{13}{6} - \dfrac{8}{6} =$

⑨ $\dfrac{18}{5} - \dfrac{7}{5} =$　　⑩ $\dfrac{20}{7} - \dfrac{11}{7} =$

⑪ $\dfrac{17}{3} - \dfrac{7}{3} =$　　⑫ $\dfrac{19}{8} - \dfrac{10}{8} =$

⑬ $\dfrac{12}{4} - \dfrac{7}{4} =$　　⑭ $\dfrac{20}{7} - \dfrac{5}{7} =$

⑮ $\dfrac{18}{10} - \dfrac{5}{10} =$　　⑯ $\dfrac{21}{6} - \dfrac{8}{6} =$

2. 次の計算をしましょう。答えは帯分数で表しましょう。

① $\dfrac{9}{5} - \dfrac{2}{5} =$ ② $\dfrac{11}{7} - \dfrac{3}{7} =$

③ $\dfrac{8}{3} - \dfrac{1}{3} =$ ④ $\dfrac{13}{9} - \dfrac{2}{9} =$

⑤ $\dfrac{17}{5} - \dfrac{3}{5} =$ ⑥ $\dfrac{20}{6} - \dfrac{7}{6} =$

⑦ $\dfrac{14}{4} - \dfrac{5}{4} =$ ⑧ $\dfrac{12}{3} - \dfrac{2}{3} =$

⑨ $\dfrac{20}{7} - \dfrac{4}{7} =$ ⑩ $\dfrac{19}{5} - \dfrac{6}{5} =$

⑪ $\dfrac{22}{5} - \dfrac{8}{5} =$ ⑫ $\dfrac{20}{7} - \dfrac{5}{7} =$

3. $\dfrac{22}{7}$Lのペンキがあります。$\dfrac{8}{7}$L使いました。
ペンキは何L残っていますか。

式

答え _____

8 まとめ 確にん問題 ①

1. ロープを2つに切ると、2.86mと2.14mになりました。
   もとのロープは何mありましたか。
   　　　　　　　　　　　　　　　　　　　　　　（式…15点、答え…10点）

   式

   　　　　　　　　　答え _____

2. ウーロン茶が2.68L、麦茶が3.24Lあります。
   麦茶の方がウーロン茶より何L多いですか。
   　　　　　　　　　　　　　　　　　　　　　　（式…15点、答え…10点）

   式

   　　　　　　　　　答え _____

3. プレゼント用に5.25mのリボンを28本作ります。
   リボンは全部で何m必要ですか。
   　　　　　　　　　　　　　　　　　　　　　　（式…15点、答え…10点）

   式

   　　　　　　　　　答え _____

4. 1.2Lの牛にゅうを3人で同じように分けます。
   1人分は何Lになりますか。
   　　　　　　　　　　　　　　　　　　　　　　（式…15点、答え…10点）

   式

   　　　　　　　　　答え _____

ちょうせんじょう ⑨ たし算ピラミッド！

○が9こあって、その中に1〜9の数を1回ずつ入れよう！

直線でつながった4つの○の中の数をたすと、どれも20になるようにしてね。できるかな？

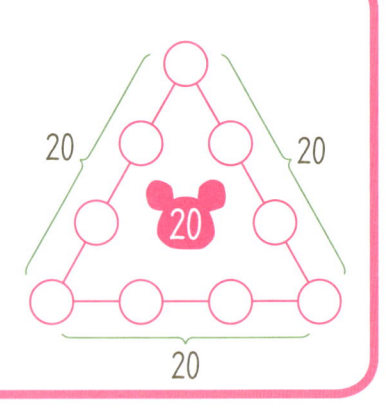

① 頂点:3、中央:20、左下:5、右下:7

大きい数と小さい数がどの○に入るかが重要だよ！まずはためしに数を入れてみて計算してみよう！

② 頂点:1、中央:20、左下:5、右下:9

10 小数のかけ算 ①

1. たて2m、横3.2mの長方形の花だんの面積を求めましょう。

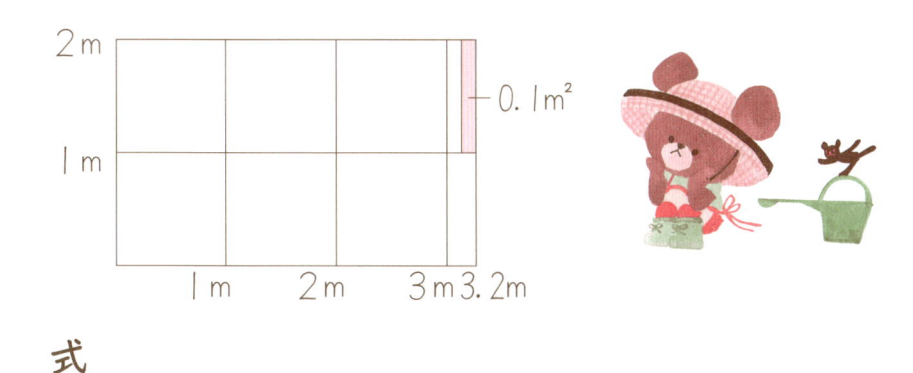

   式

   答え _____ m²

   1m² が 6こで ☐ m²

   0.1m² が 4こで ☐ m²　合わせて ☐ m²

2. 1mが124円のつり糸があります。
   このつり糸を3.5m買うと、代金は何円ですか。

   式

   答え _____

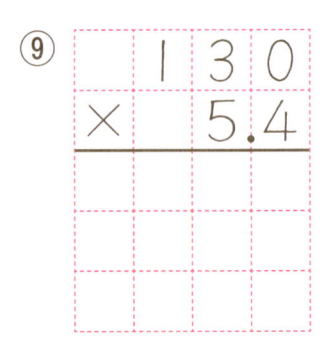

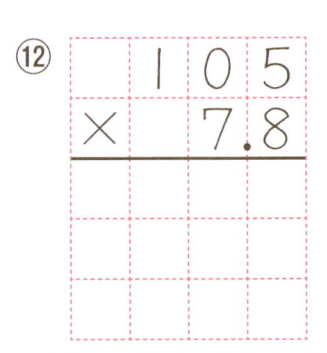

3. 次の計算をしましょう。

① 3 × 2.7

② 6 × 6.4

③ 18 × 2.6

④ 28 × 3.4

⑤ 135 × 3.7

⑥ 126 × 3.2

⑦ 164 × 4.6

⑧ 173 × 5.4

⑨ 130 × 5.4

⑩ 160 × 4.2

⑪ 108 × 3.5

⑫ 105 × 7.8

11 小数のかけ算 ②

小数×小数の筆算のしかただよ

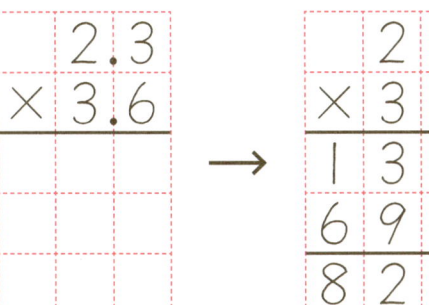

```
   2.3
 × 3.6
```
→
```
   2 3
 × 3 6
 ─────
 1 3 8
 6 9
 ─────
 8 2 8
```
→
```
   2.③ ← けた数１
 × 3.⑥ ← けた数１
 ─────
 1 3 8
 6 9
 ─────
 8.②⑧ ← けた数２
```

右にそろえてかこう。

整数のかけ算と考えて計算しよう。

積の小数点は、かけられる数と、かける数の小数点より下のけた数の和だけ、右から数えてうつよ。

1. たてが2.4m、横が3.6mの長方形の畑があります。この畑の面積は何m²ですか。

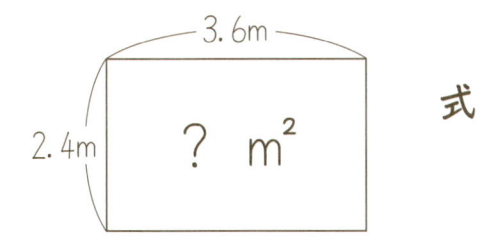

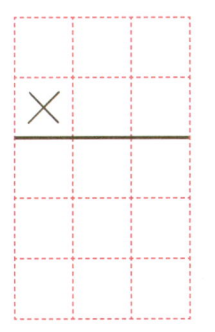

3.6m
2.4m
？ m²

式

答え

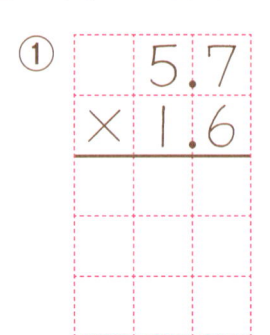

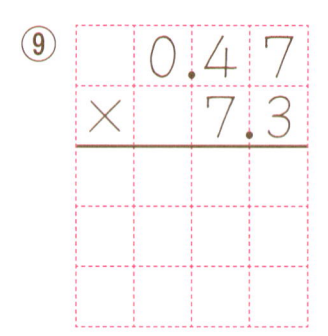

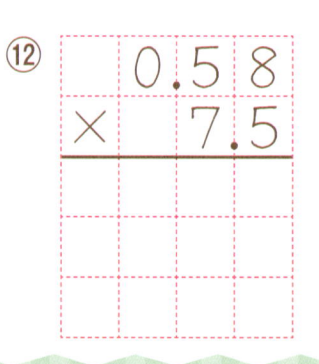

2. 次の計算をしましょう。

① 5.7 × 1.6

② 2.4 × 3.4

③ 3.6 × 2.3

④ 2.8 × 2.7

⑤ 6.4 × 5.6

⑥ 7.2 × 4.8

⑦ 9.5 × 3.6

⑧ 5.8 × 4.5

⑨ 0.47 × 7.3

⑩ 0.62 × 8.3

⑪ 0.39 × 6.5

⑫ 0.58 × 7.5

12 小数のかけ算 ③

1. かけられる数より積が小さくなるのはどれですか。記号で答えましょう。

- あ　7.5×1.3
- い　0.6×2.9
- う　9.3×0.4
- え　2×0.23
- お　52×1.15
- か　128×0.75

答え

2. 正しい積になるように小数点をうちましょう。

① 2.48×3.2＝7936

② 3.27×0.53＝17331

③ 0.53×0.4＝0212

④ 0.742×3.4＝25228

3. 次の計算をしましょう。

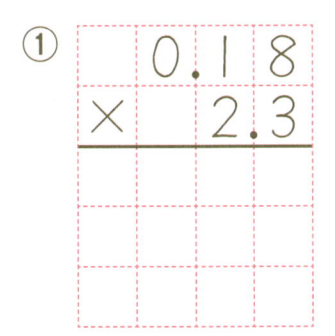

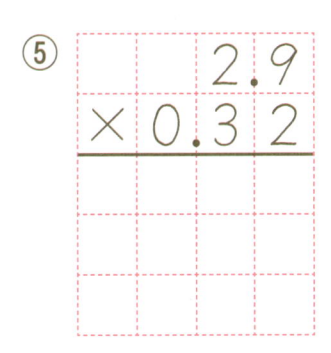

①　0.18 × 2.3

②　0.24 × 2.6

③　2.7 × 0.35

④　1.6 × 0.62

⑤　2.9 × 0.32

⑥　1.2 × 0.75

4. 1mが120円のリボンがあります。
　このリボンを0.8m買うと、代金は何円ですか。

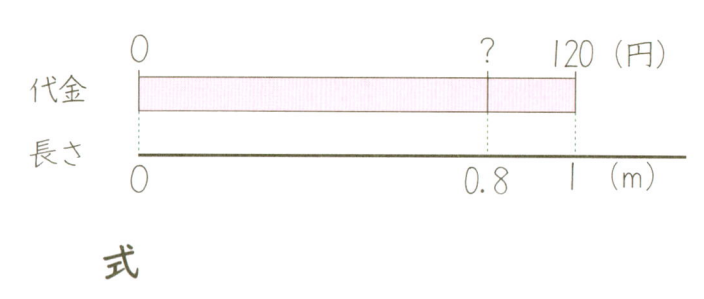

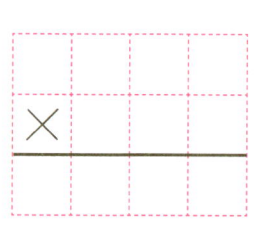

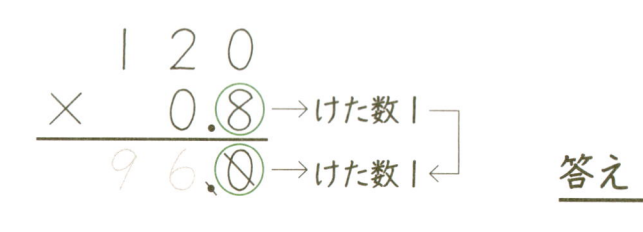

代金　0　　　　　　　?　120（円）
長さ　0　　　　　　0.8　1（m）

式

```
   1 2 0
 ×   0.8  →けた数1
   9 6.0  →けた数1
```

答え _____

5. 1mが2.8kgの丸太があります。
　この丸太を0.42mに切ると、重さは何kgですか。

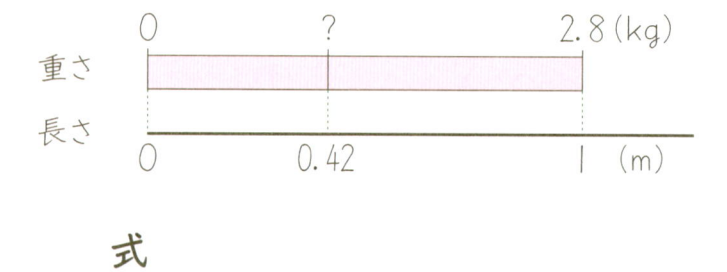

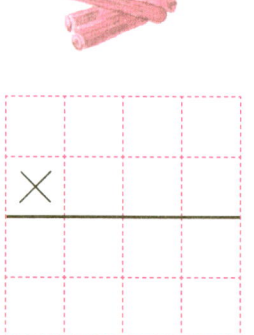

重さ　0　　　?　　2.8（kg）
長さ　0　　0.42　　1（m）

式

答え _____

かけ算では、1より小さい数をかけると、
積はかけられる数より小さくなるよ。

13 小数のかけ算 ④

1. 76×64＝4864をもとにして、次の積を求めましょう。

① 76 × 6.4 ⟶ ☐

② 7.6 × 64 ⟶ ☐

③ 7.6 × 6.4 ⟶ ☐

④ 7.6 × 0.64 ⟶ ☐

⑤ 0.76 × 6.4 ⟶ ☐

2. 84×57＝4788をもとにして、次の積を求めましょう。

① 8.4 × 57 ⟶ ☐

② 84 × 5.7 ⟶ ☐

③ 8.4 × 5.7 ⟶ ☐

④ 0.84 × 5.7 ⟶ ☐

⑤ 8.4 × 0.57 ⟶ ☐

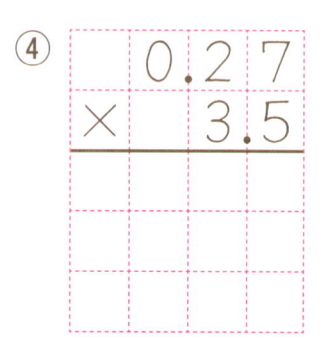

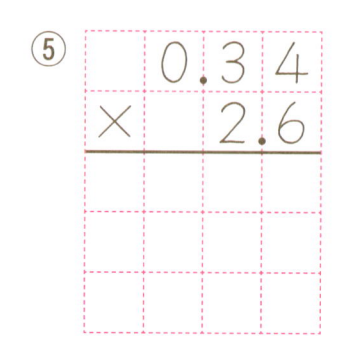

3. 次の計算をしましょう。

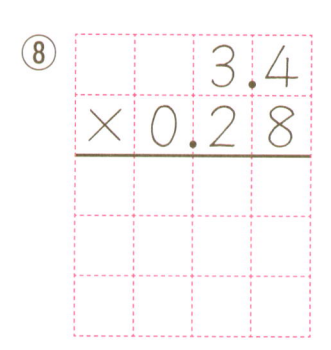

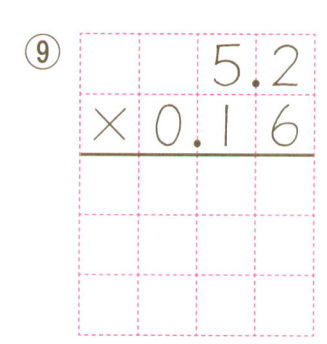

① 0.19 × 2.5

② 0.32 × 2.7

③ 0.17 × 4.2

④ 0.27 × 3.5

⑤ 0.34 × 2.6

⑥ 0.43 × 1.7

⑦ 1.5 × 0.57

⑧ 3.4 × 0.28

⑨ 5.2 × 0.16

4. たて2.6m、横3.5mの長方形の面積を求めましょう。

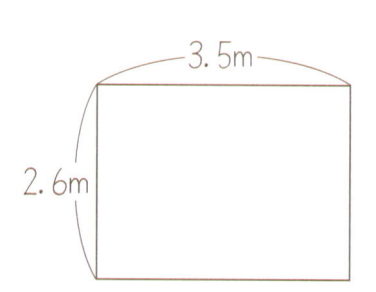

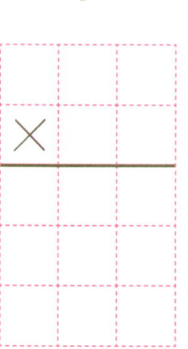

式

答え _____

14 小数のかけ算 ⑤

1. 47×36＝1692をもとにして、次の積を求めましょう。

① 4.7 × 36 　⟶　
② 4.7 × 0.36　⟶　
③ 47 × 3.6　⟶　
④ 4.7 × 3.6　⟶　
⑤ 0.47 × 3.6　⟶　

2. 34×56＝1904をもとにして、次の積を求めましょう。

① 3.4 × 56　⟶　
② 3.4 × 0.56　⟶　
③ 34 × 5.6　⟶　
④ 3.4 × 5.6　⟶　
⑤ 0.34 × 0.56　⟶

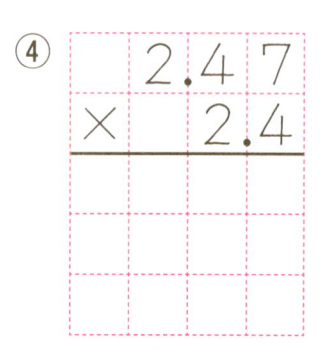

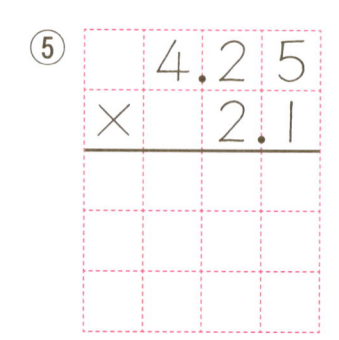

3. 次の計算をしましょう。

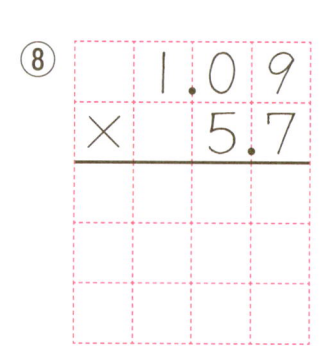

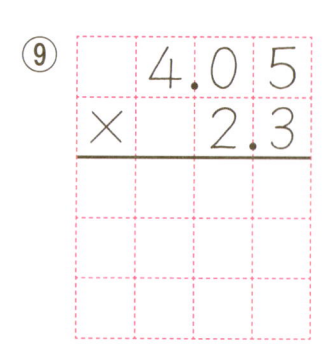

① 1.28 × 5.2

② 2.43 × 3.5

③ 3.24 × 1.6

④ 2.47 × 2.4

⑤ 4.25 × 2.1

⑥ 2.08 × 4.2

⑦ 3.04 × 2.6

⑧ 1.09 × 5.7

⑨ 4.05 × 2.3

4. 一辺が2.4mの正方形の面積を求めましょう。

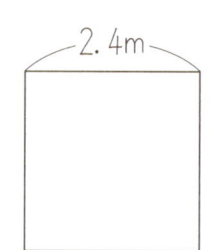

2.4m

式

答え_____

15 小数のかけ算 ⑥

1. ぼう登りでアントンは127cm登りました。ペーターは、その1.4倍登りました。ペーターは、何cm登りましたか。

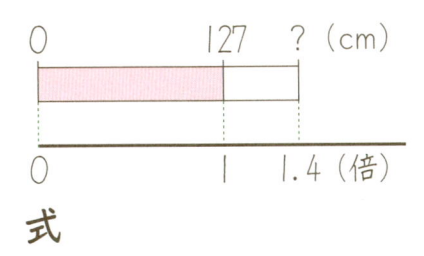

式

答え

2. 花の種を去年は425個とりました。今年は花の種を、その0.96倍とりました。今年の花の種は、何個とりましたか。

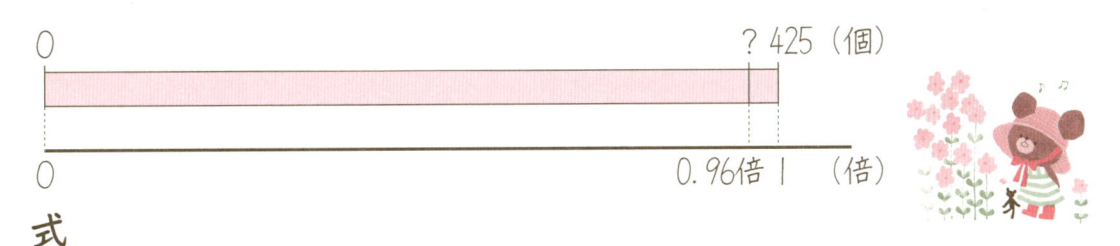

式

答え

3. 1Lの重さが0.85kgの油があります。この油5.6Lの重さは、何kgですか。

式

答え

4. ジャッキーは本を35さつ運びました。アントンは、その1.8倍運びました。アントンは何さつ運びましたか。

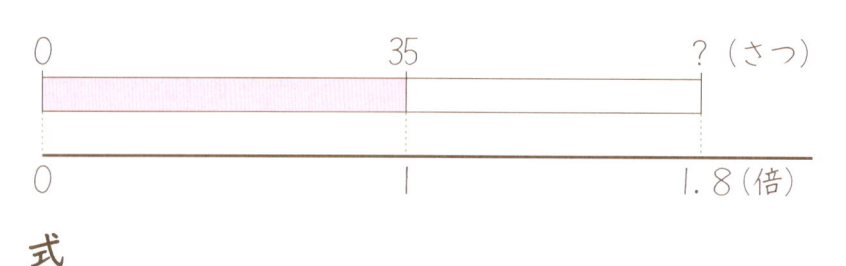

式

答え _____

5. 小麦は36.5kgあります。ジャガイモは小麦の2.4倍あります。ジャガイモは何kgありますか。

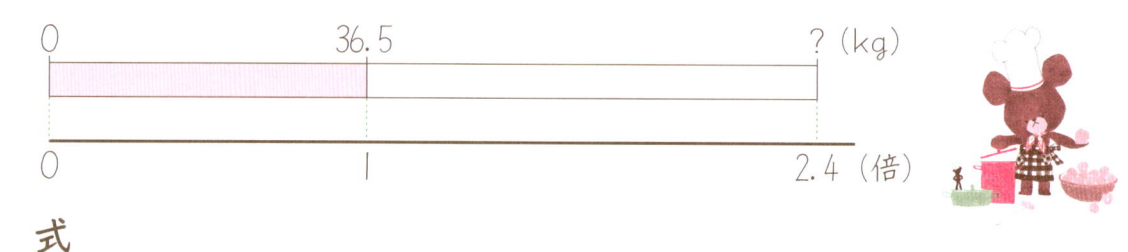

式

答え _____

6. 赤いひもは4.5mです。青いひもは、赤いひもの0.6倍です。青いひもは何mですか。

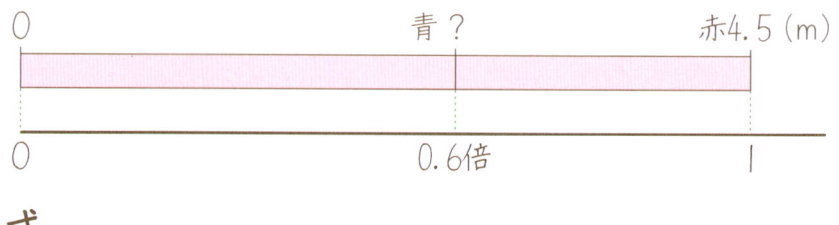

式

答え _____

16 小数のかけ算 ⑦

1．くふうして計算しましょう。

① 0.5 × 3.2 × 4
 = 0.5 × 4 × 3.2
 = 2 × 3.2
 = 6.4

② 0.5 × 4.2 × 6
 =

③ 4 × 2.3 × 2.5
 =

④ 0.4 × 2.7 × 2.5
 =

⑤ 8 × 5.7 × 12.5
 =

⑥ 0.8 × 4.7 × 12.5
 =

⑦ 4 × 3.4 × 7.5
 =

⑧ 0.4 × 2.3 × 7.5
 =

4×5=20，4×25=100，
4×75=300，8×125=1000　になるよ。

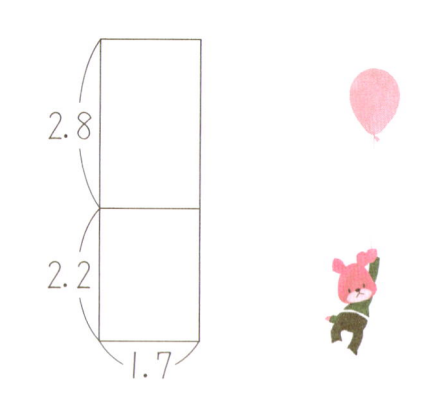

2. 次の計算をしましょう。

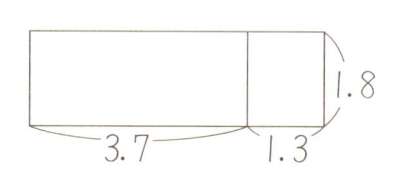

① 2.8×1.7＋2.2×1.7
　＝(2.8＋2.2)×1.7
　＝

② 3.7×1.8＋1.3×1.8
　＝

③ 7.5×1.3－2.5×1.3
　＝

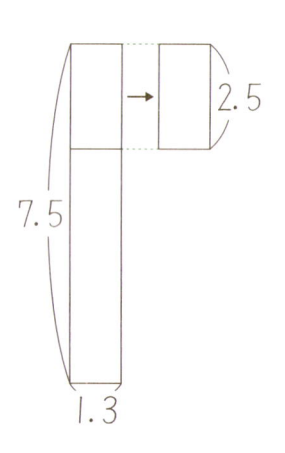

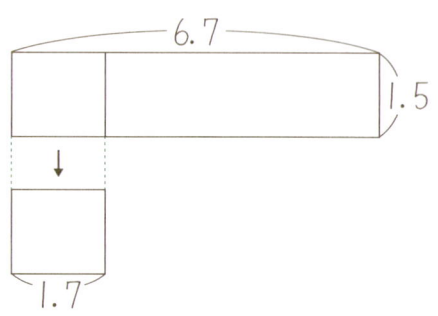

④ 1.5×6.7－1.5×1.7
　＝

17 まとめ 確にん問題 ②

名前　　　　　月　日　　点

1. 次の計算を筆算でしましょう。　　(1問…8点)

① 32×3.2　　② 45×3.7　　③ 28×6.3　　④ 45×3.5

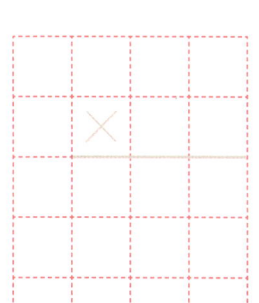

⑤ 54×7.2　　⑥ 74×4.3　　⑦ 82×6.4　　⑧ 67×9.5

2. 次の計算を筆算でしましょう。　　(1問…9点)

① 3.6×3.2　　② 8.4×4.3　　③ 4.8×2.6　　④ 6.5×1.7

18 ちょうせんじょう 図形さがし！

図の中にどんな図形が何個ずつかくれているか考えてね！
全部見つけられたかな？
見つけた形の合計の数もいちばん下にかいてね！

れい 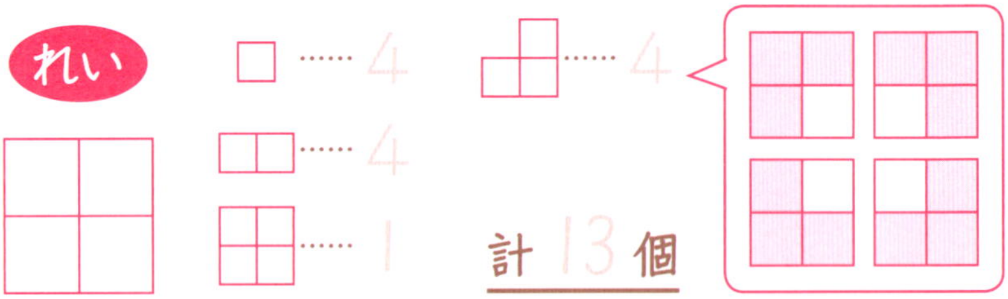
□ …… 4
⊔ …… 4
⊓ …… 4
⊞ …… 1
計 13 個

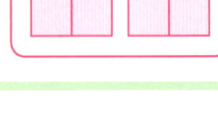

① ……
……
……
……
……

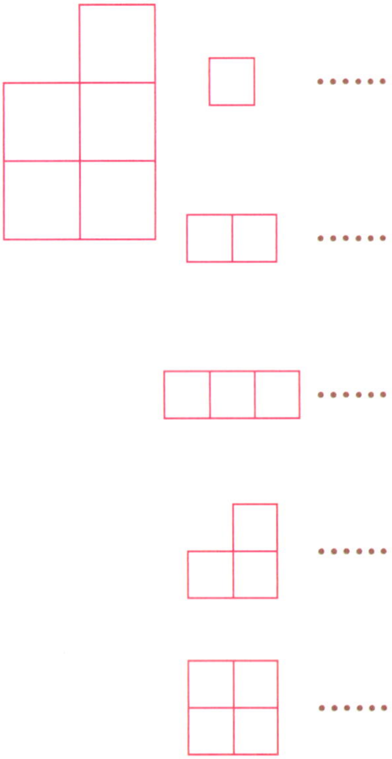

計　　　個

② ……
……
……
……
……

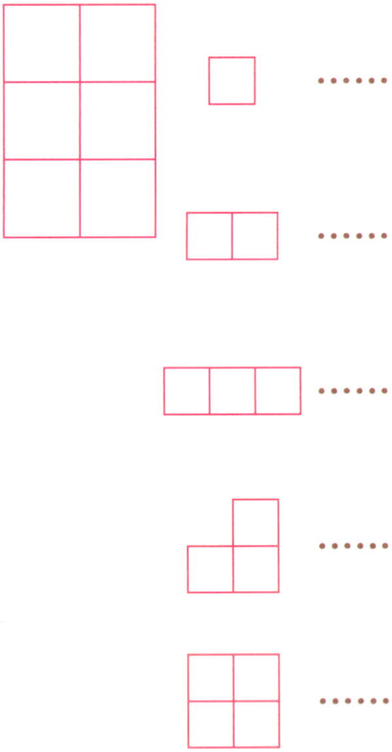

計　　　個

19 小数のわり算 ①

1. 3m、2.4m、1.6mの3本のテープがあり、代金はどれも96円です。1mのテープのねだんはそれぞれ何円ですか。

① 3m, 96円のテープ

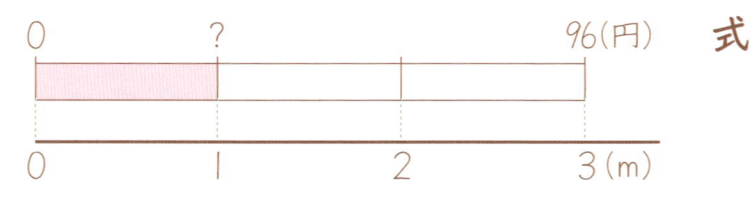

式

答え _____

② 2.4m, 96円のテープ

式

答え _____

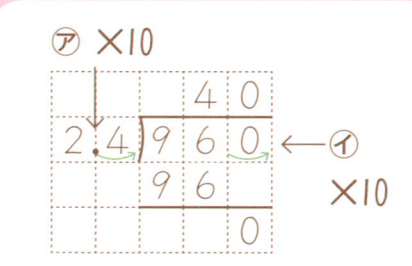

> ⑦ ×10
>
> ```
>       4 0
> 2.4)9 6 0  ← ⑦
>     9 6
>         0
> ```
> ×10
>
> 96÷2.4は、
> ⑦ わる数を10倍して整数にする
> ⑦ わられる数も10倍する
> ⑦ 整数のときと同じように わり算する
> とするよ。

③ 1.6m, 96円のテープ

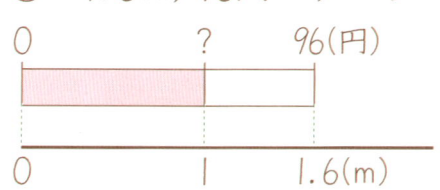

式

答え _____

2. 1.2m、0.8m、0.6mの3まいの布があります。
代金はどれも96円です。
1mの布のねだんはそれぞれ何円ですか。

① 1.2m, 96円の布

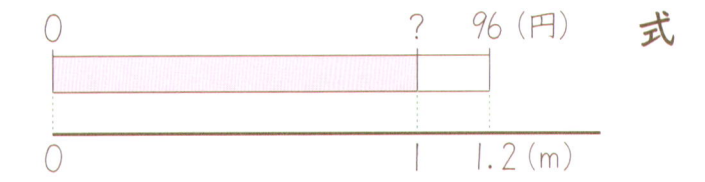

式

答え _____

② 0.8m, 96円の布

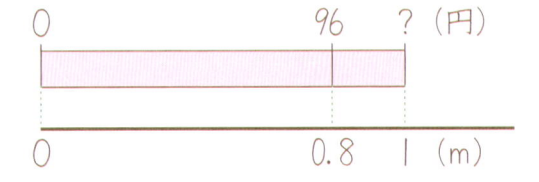

式

答え _____

③ 0.6m, 96円の布

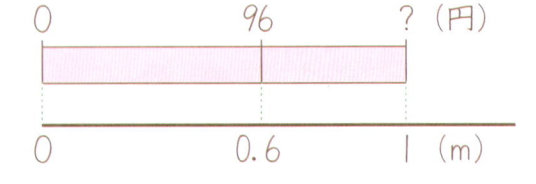

式

答え _____

②と③は、わる数が1より小さい小数だね。
そのときの商は、わられる数より大きくなるよ。

20 小数のわり算 ②

小数のわり算では、わる数とわられる数に同じ数をかけても商は同じという性質を使うよ。

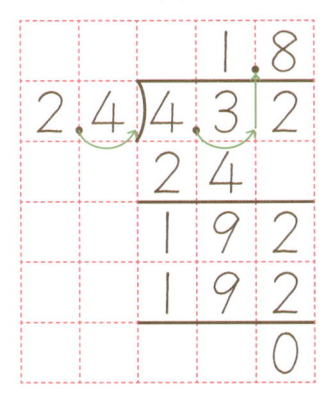

```
          1.8
     ─────────
2.4 )4.3.2
      2 4
     ─────
      1 9 2
      1 9 2
     ─────
          0
```

① わる数とわられる数に同じ数をかけ、わる数を整数になおそう。
② 整数のわり算と同じように計算しよう。
③ 商の小数点は、わられる数のうつした小数点にそろえてうつよ。

1. 次の式で、わる数が整数になるようにしましょう。

① $123 \div 5.4 \longrightarrow 1230 \div 54$

② $12.3 \div 5.4 \longrightarrow 123 \div 54$

③ $1.23 \div 5.4 \longrightarrow$

④ $1.23 \div 0.54 \longrightarrow$

2. わる数が整数となるようにして計算しましょう。

① 4.7)7.9 9

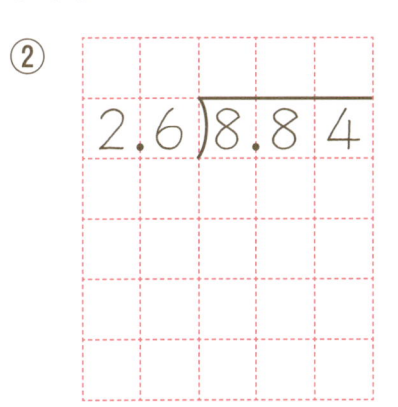

② 2.6)8.8 4

3. 次の計算をしましょう。

① 1.6) 9 6

② 2.4) 9 6

③ 3.2) 9 6

④ 1.6) 6 4

⑤ 2.4) 4 8

⑥ 3.2) 6 4

⑦ 0.6) 9 6

⑧ 0.4) 9 6

⑨ 0.3) 9 6

4. 1.2mが84円のストローがあります。このストロー1mは何円ですか。

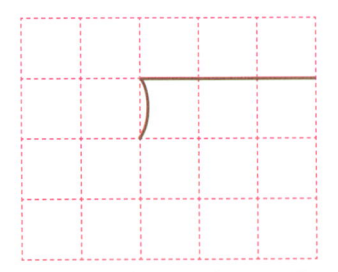

式

答え _____

21 小数のわり算 ③

名前　　　　月　日

1. 次の計算をしましょう。

① 4.5) 6.3

② 2.4) 8.4

③ 5.5) 8.8

④ 1.2) 7.8

⑤ 2.5) 8.75

⑥ 1.7) 7.65

⑦ 3.5) 94.5

⑧ 2.7) 67.5

⑨ 7.5) 97.5

2. 3.6mが5.4kgのはしごがあります。
このはしご1mは何kgですか。

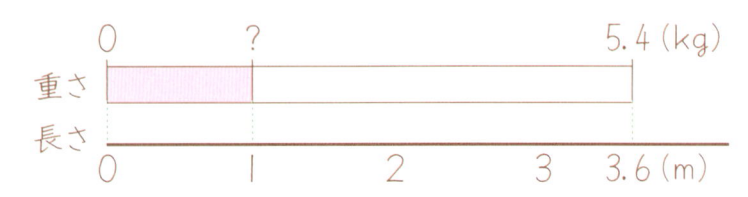

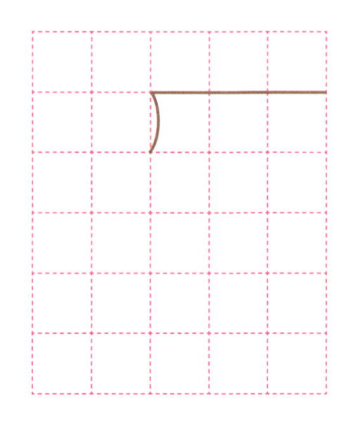

式

答え _____

3. 3.5mが6.65kgのパイプがあります。
このパイプ1mは何kgですか。

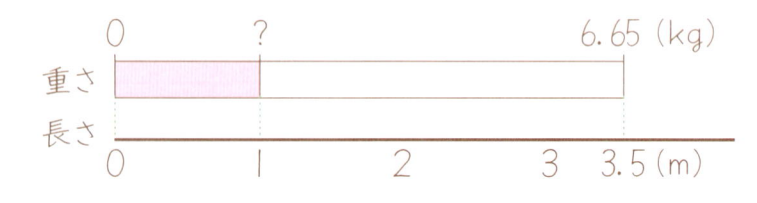

式

答え _____

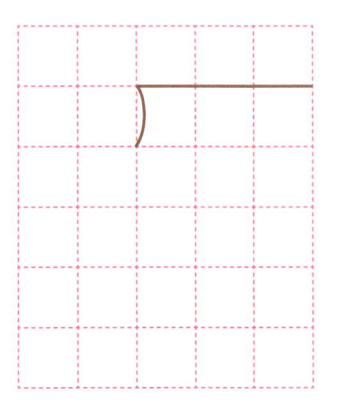

22 小数のわり算 ④

1. 次の計算をしましょう。

① 7.2) 3.2 4

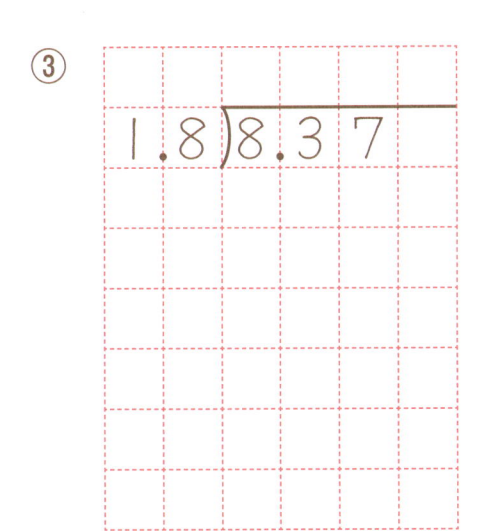

② 5.4) 5.1 3

③ 1.8) 8.3 7

④ 2.4) 5.6 4

⑤ 2.4) 9.7 2

⑥ 2.5) 7.6 5

2. 面積が8.64m²で、たての長さが2.4mの長方形の花だんがあります。横の長さは何mですか。

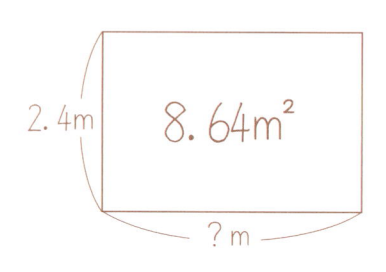

2.4m 8.64m² ?m

式

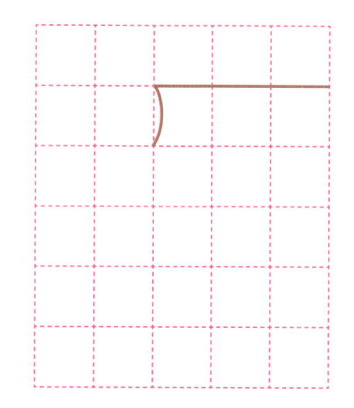

答え

3. 面積が2.47m²で、横の長さが3.8mの長方形の花だんがあります。たての長さは何mですか。

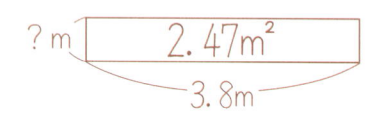

?m 2.47m² 3.8m

式

答え

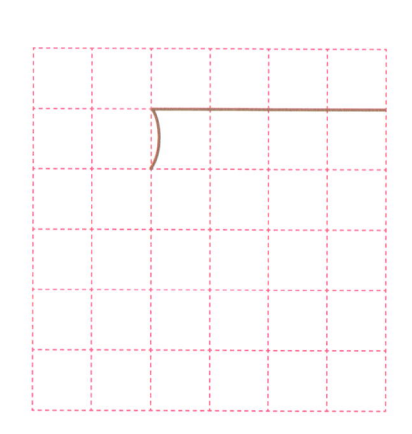

23 小数のわり算 ⑤

1. 648÷18＝36をもとにして、次の商を求めましょう。

① 648 ÷ 1.8 ⟶ □

② 648 ÷ 0.18 ⟶ □

③ 648 ÷ 0.018 ⟶ □

④ 64.8 ÷ 18 ⟶ □

⑤ 6.48 ÷ 18 ⟶ □

2. 875÷35＝25をもとにして、次の商を求めましょう。

① 875 ÷ 0.035 ⟶ □

② 8.75 ÷ 35 ⟶ □

③ 0.875 ÷ 35 ⟶ □

④ 875 ÷ 0.35 ⟶ □

⑤ 87.5 ÷ 35 ⟶ □

3. 台所に5.2Lの重さが6.5kgのさとうがあります。

① このさとう1kgのかさは何Lになりますか。

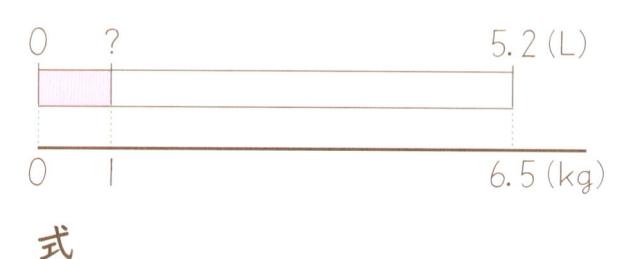

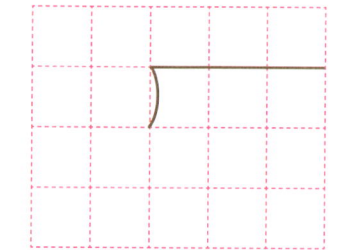

式

答え _____

② このさとう1Lの重さは何kgになりますか。

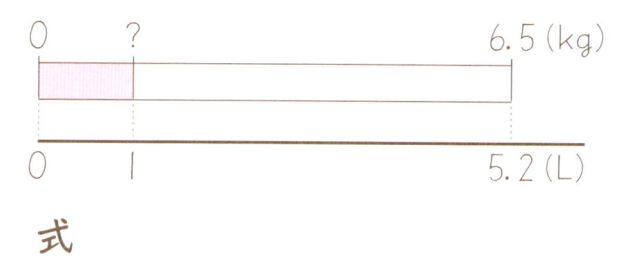

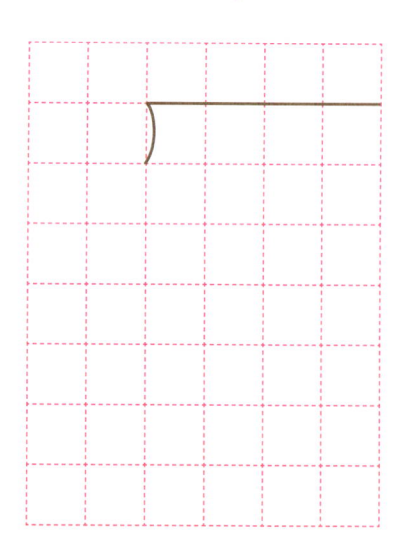

式

答え _____

24 小数のわり算 ⑥

名前　　月　　日

1. 561÷34=16.5をもとにして、次の商を求めましょう。

① 5.61 ÷ 0.34 ⟶ ☐

② 56.1 ÷ 0.34 ⟶ ☐

③ 561 ÷ 3.4 ⟶ ☐

④ 5.61 ÷ 3.4 ⟶ ☐

⑤ 56.1 ÷ 34 ⟶ ☐

2. 406÷28=14.5をもとにして、次の商を求めましょう。

① 40.6 ÷ 2.8 ⟶ ☐

② 406 ÷ 2.8 ⟶ ☐

③ 4.06 ÷ 0.28 ⟶ ☐

④ 40.6 ÷ 28 ⟶ ☐

⑤ 40.6 ÷ 0.28 ⟶ ☐

3. 6.5mの重さが2.6kgのクリスマスのかざりがあります。

① このかざり1kgの長さは何mになりますか。

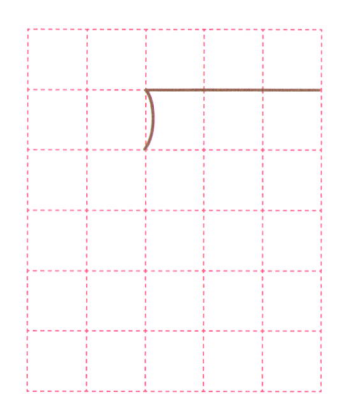

式

答え_____

② このかざり1mの重さは何kgになりますか。

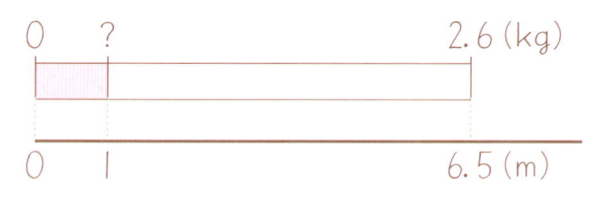

式

答え_____

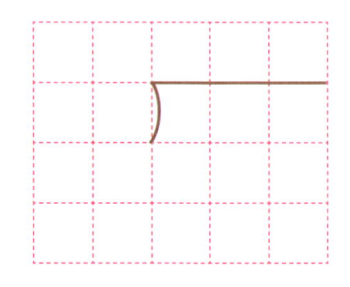

25 小数のわり算 ⑦

名前　　　　　　　　月　日

1. 2.5mの毛糸を0.6mずつ切っていくと、0.6mの毛糸が何本とれて、何mあまりますか。

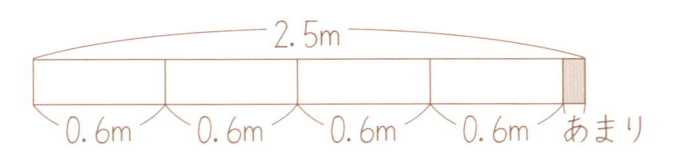

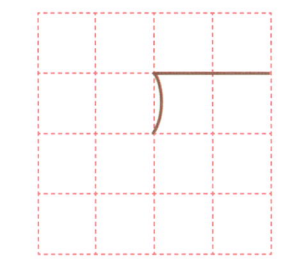

式　2.5 ÷ 0.6 =

答え　　　本とれて、　　　mあまる

> 小数のわり算では、あまりの小数点は、わられる数のもとの小数点にそろえてうつよ。

2. 2.5mのリボンを0.7mずつ切っていくと、0.7mのリボンが何本とれて、何mあまりますか。

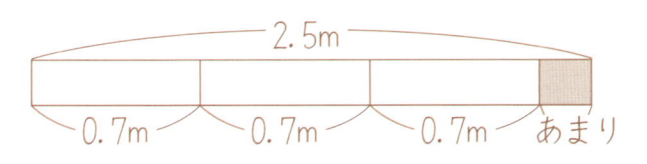

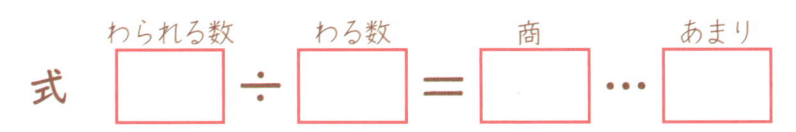

式　□ ÷ □ = □ … □
　　わられる数　わる数　商　あまり

答え　　　本とれて、　　　mあまる

確にん　□ = □ × □ + □
　　　　わられる数　わる数　商　あまり

3. 24.4Lのペンキを、5.8Lずつバケツに分けていきます。
   5.8Lのバケツは何個できて、何Lあまりますか。

   24.4L
   | 5.8L | 5.8L | 5.8L | 5.8L | あまり |

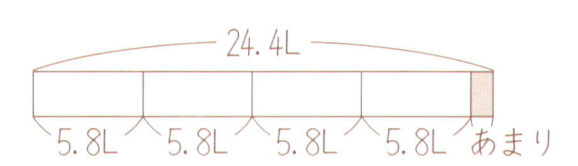

   式

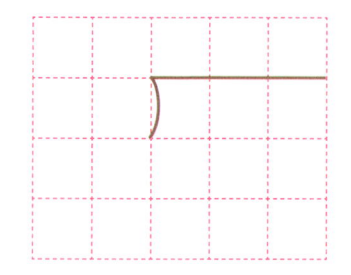

   答え _____

4. 46.2Lのハチミツを、8.4Lずつビンに分けていきます。
   8.4Lのビンは何本できて、何Lあまりますか。

   46.2L
   | 8.4L | 8.4L | 8.4L | 8.4L | 8.4L | あまり |

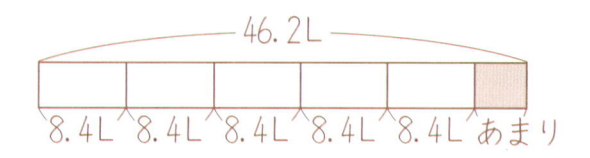

   式

   答え _____

確にん　わられる数 □ ＝ わる数 □ × 商 □ ＋ あまり □

26 まとめ 確にん問題 ③

1. 次の計算をしましょう。 （1問…10点）

① 9÷1.8

② 7÷1.4

③ 9÷1.5

④ 6÷1.5

⑤ 117÷2.6

⑥ 144÷4.5

⑦ 129÷8.6

2. 5.5mのリボンを、0.8mずつ切っていきます。0.8mのリボンが何本とれて、何mあまりますか。 （式…15点、答え…15点）

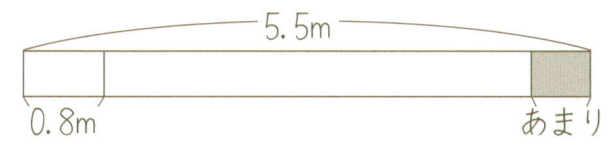

式

答え

27 ちょうせんじょう 小数まほうじん！

9マスの中のあいているマスに10までの数を入れてね。
たて・よこ・ななめの列の数をたしたとき、
①は9、②は12、③は6.6になるようにしよう！
今回は小数も入るよ！
できるかな？

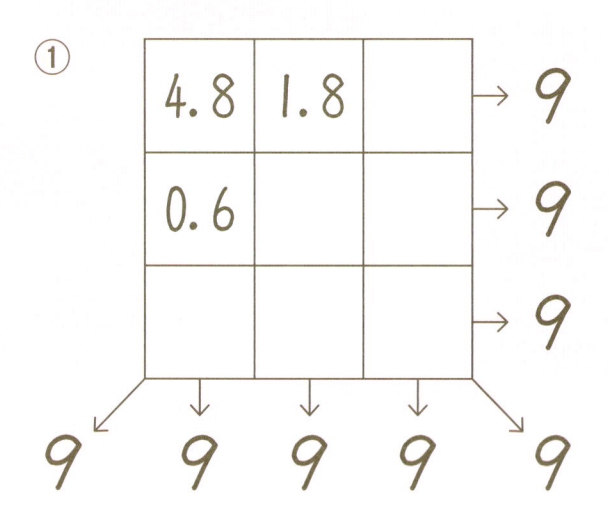

①

4.8	1.8		→ 9
0.6			→ 9
			→ 9

↓ ↓ ↓
9 9 9 9 9

まずは、2マスかいているところから計算しよう！
4.8＋1.8＋□＝9、
つまり
9－4.8－1.8＝□
だね。

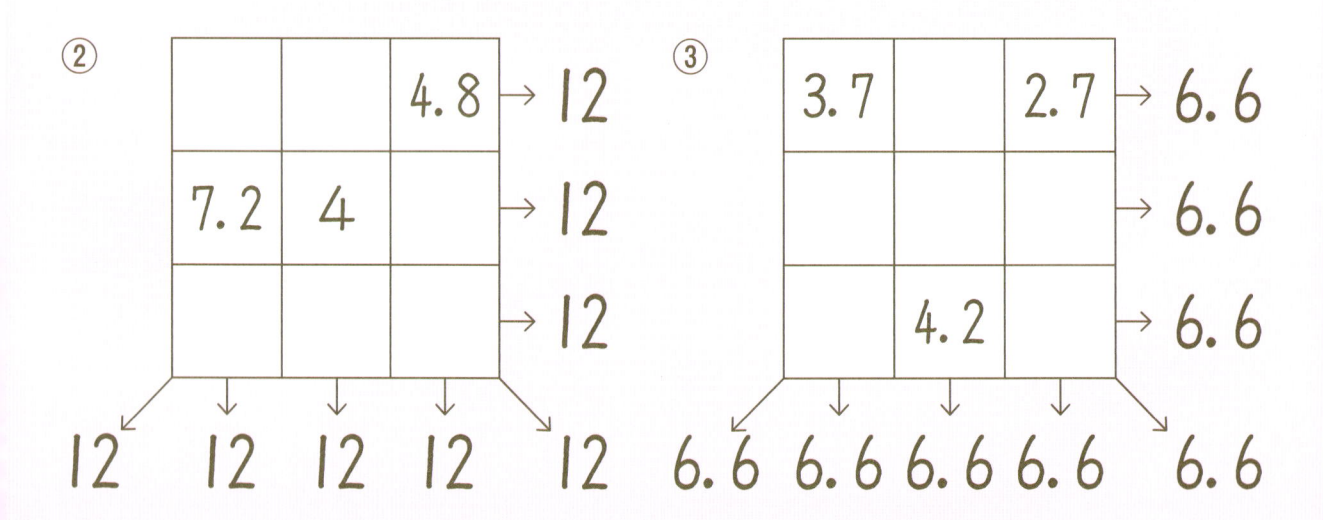

②

		4.8	→ 12
7.2	4		→ 12
			→ 12

↓ ↓ ↓
12 12 12 12 12

③

3.7		2.7	→ 6.6
			→ 6.6
	4.2		→ 6.6

↓ ↓ ↓
6.6 6.6 6.6 6.6 6.6

28 整数の性質 ①

1. 番号順に、席に着きました。
次の（ ）に、正しい数をかきましょう。

① 左側の列の数を、2で
わってみましょう。

2 ÷ 2 = 1
4 ÷ 2 = 2
6 ÷ 2 = 3
　︙
22 ÷ 2 = ㋐（　　　）
24 ÷ 2 = ㋑（　　　）

② 右側の列の数を、2で
わってみましょう。

1 ÷ 2 = 0 … 1
3 ÷ 2 = 1 … 1
5 ÷ 2 = 2 … 1
　︙
21 ÷ 2 = ㋐（　　…　　）
23 ÷ 2 = ㋑（　　…　　）

2でわり切れる整数を、**偶数**というよ。
2でわり切れない整数は、**奇数**というよ。
0は偶数になるよ。

2. 0～11の数を、偶数と奇数に分けて書きましょう。

   偶数 (　　　　　　　　　　　　　　　　)

   奇数 (　　　　　　　　　　　　　　　　)

3. 次の整数を、偶数と奇数に分けて書きましょう。

   35、36、63、64、88、89、90、91

   偶数 (　　　　　　　　　　　　　　　　)

   奇数 (　　　　　　　　　　　　　　　　)

4. 偶数か奇数かは、一の位の数でわかります。次の数が、偶数なら「ぐ」、奇数なら「き」を（　　）に書きましょう。

   ① 892　　(　　)　　② 3569　　(　　)

   ③ 4501　　(　　)　　④ 37776　　(　　)

   ⑤ 837504　(　　)　　⑥ 593　　(　　)

   ⑦ 9988773　(　　)　　⑧ 6497　　(　　)

   ⑨ 31029　　(　　)　　⑩ 10210710　(　　)

29 整数の性質 ②

2を整数倍（2×1、2×2、2×3、……）してできる数（2、4、6、……）を2の倍数というよ。
倍数のとき、0は入れないよ。

1. 2の倍数に〇をつけましょう。

1、2、3、4、5、6、7、8、9、10、
11、12、13、14、15、16、17、18、19、20、
21、22、23、24、25、26、27、28、29、30

2. 3の倍数に〇をつけましょう。

1、2、3、4、5、6、7、8、9、10、
11、12、13、14、15、16、17、18、19、20、
21、22、23、24、25、26、27、28、29、30

3. 4の倍数を小さい方から4つかきましょう。

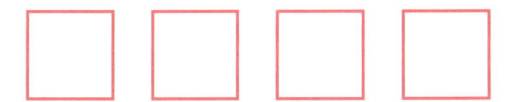

☐ ☐ ☐ ☐

> 2の倍数にも3の倍数にもなっている数を
> **2と3の公倍数**というよ。

4． 2の倍数、3の倍数の両方にある数を見つけましょう。

[2の倍数] 2、4、6、8、10、12、14、16、18、…

[3の倍数] 3、6、9、12、15、18、21、……

2と3の公倍数を3つ書きましょう。

□ □ □

5． 次の数の公倍数を、下の数から見つけましょう。

① 3と4の公倍数

[3の倍数] 3、6、9、12、15、18、21、24、27、…

[4の倍数] 4、8、12、16、20、24、28、32、……

3と4の公倍数　（　　　　　　）

② 2と4の公倍数

[2の倍数] 2、4、6、8、10、12、14、16、……

[4の倍数] 4、8、12、16、……

2と4の公倍数　（　　　　　　）

30 整数の性質 ③

名前　　　月　　日

> 12をわり切ることができる整数を、12の約数というよ。

1. 次の数の約数に○をつけましょう。

　① ｜ 2の約数 ｜　　1、2

　② ｜ 3の約数 ｜　　1、2、3

　③ ｜ 4の約数 ｜　　1、2、3、4

　④ ｜ 6の約数 ｜　　1、2、3、4、5、6

2. 次の数の約数を全部書きましょう。

　① ｜ 12の約数 ｜　□ □ □ □ □ □

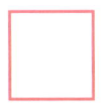

　② ｜ 16の約数 ｜　□ □ □ □ □

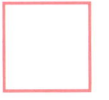

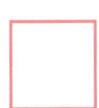

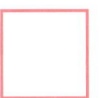

　③ ｜ 18の約数 ｜　□ □ □ □ □ □

　④ ｜ 20の約数 ｜　□ □ □ □ □ □

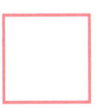

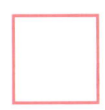

3. 8と12の約数について考えましょう。

| 8の約数 | 1、2、4、8 |
| 12の約数 | 1、2、3、4、6、12 |

8の約数と12の約数の中で、共通する数を書きましょう。

(　　,　　,　　)

> 1、2、4のように、8と12に共通な約数を、8と12の**公約数**というよ。

4. 次の数の公約数を書きましょう。

① 4と6の公約数　　(　　,　　)

| 4の約数 | 1、2、4 |
| 6の約数 | 1、2、3、6 |

② 12と16の公約数　　(　　,　　,　　)

| 12の約数 | 1、2、3、4、6、12 |
| 16の約数 | 1、2、4、8、16 |

31 整数の性質 ④

1. 最大公約数を求めましょう。

① 2) 4 , 6
　　　2　3
　　(2)

② 4) 20 , 12
　　(　)

③ 8 , 6
　(　)

④ 12 , 18
　(　)

⑤ 14 , 8
　(　)

⑥ 18 , 24
　(　)

⑦ 6 , 9
　(　)

⑧ 28 , 20
　(　)

⑨ 27 , 36
　(　)

⑩ 16 , 72
　(　)

2. 最小公倍数を求めましょう。

① 2)6 , 4
    3 2
  3×4、(2×6)
   (12)

② 2)8 , 6
   ( )

③ 9 , 6
  ( )

④ 14 , 8
  ( )

⑤ 18 , 12
  ( )

⑥ 21 , 14
  ( )

⑦ 20 , 12
  ( )

⑧ 24 , 18
  ( )

⑨ 16 , 24
  ( )

⑩ 15 , 9
  ( )

32 分数のたし算 ①

分母のちがう分数を、分母が同じ分数になおすことを、**通分**するというよ。

1. 2つの分数を通分しましょう。

$$\frac{1}{4}, \frac{2}{3} \rightarrow \frac{1\times3}{4\times3}, \frac{2\times4}{3\times4} \rightarrow \frac{3}{12}, \frac{8}{12}$$

ここは暗算でします

① $\frac{1}{2}, \frac{3}{5} \rightarrow \underline{\quad}, \underline{\quad}$　② $\frac{4}{7}, \frac{2}{3} \rightarrow \underline{\quad}, \underline{\quad}$

③ $\frac{2}{5}, \frac{3}{4} \rightarrow \underline{\quad}, \underline{\quad}$　④ $\frac{2}{7}, \frac{6}{5} \rightarrow \underline{\quad}, \underline{\quad}$

2. 2つの分数を通分しましょう。

$$\frac{1}{2}, \frac{3}{4} \rightarrow \frac{1\times2}{2\times2}, \frac{3}{4} \rightarrow \frac{2}{4}, \frac{3}{4}$$

ここは暗算でします

① $\frac{1}{3}, \frac{5}{6} \rightarrow \underline{\quad}, \underline{\quad}$　② $\frac{4}{5}, \frac{7}{20} \rightarrow \underline{\quad}, \underline{\quad}$

③ $\frac{2}{3}, \frac{8}{9} \rightarrow \underline{\quad}, \underline{\quad}$　④ $\frac{3}{8}, \frac{3}{4} \rightarrow \underline{\quad}, \underline{\quad}$

3. 2つの分数を通分しましょう。

$$\frac{3}{8} , \frac{5}{12} \to \frac{3\times 3}{8\times 3} , \frac{5\times 2}{12\times 2} \to \frac{9}{24} , \frac{10}{24}$$

ここは暗算でします

① $\frac{5}{12} , \frac{7}{30} \to \frac{25}{60} , \frac{14}{60}$

② $\frac{3}{20} , \frac{7}{12} \to \frac{9}{60} , \frac{35}{60}$

③ $\frac{5}{16} , \frac{7}{24} \to \frac{15}{48} , \frac{14}{48}$

④ $\frac{5}{18} , \frac{5}{12} \to \frac{10}{36} , \frac{15}{36}$

⑤ $\frac{7}{18} , \frac{4}{27} \to \frac{21}{54} , \frac{8}{54}$

⑥ $\frac{7}{24} , \frac{5}{16} \to \frac{14}{48} , \frac{15}{48}$

⑦ $\frac{4}{15} , \frac{7}{10} \to \frac{8}{30} , \frac{21}{30}$

⑧ $\frac{5}{14} , \frac{4}{21} \to \frac{15}{42} , \frac{8}{42}$

⑨ $\frac{4}{15} , \frac{3}{20} \to \frac{16}{60} , \frac{9}{60}$

⑩ $\frac{2}{9} , \frac{2}{21} \to \frac{14}{63} , \frac{6}{63}$

33 分数のたし算 ②

1. ジュースが $\frac{1}{2}$ L 入ったびんと、$\frac{1}{3}$ L 入ったびんがあります。あわせると何 L ですか。

   式

   答え _____ L

2. 次の計算をしましょう。

   ① $\frac{1}{4} + \frac{3}{5} =$

   ② $\frac{4}{5} + \frac{1}{6} =$

   ③ $\frac{2}{7} + \frac{3}{5} =$

   ④ $\frac{4}{9} + \frac{2}{5} =$

   ⑤ $\frac{2}{3} + \frac{1}{4} =$

   ⑥ $\frac{2}{5} + \frac{3}{8} =$

   ⑦ $\frac{1}{9} + \frac{3}{8} =$

   ⑧ $\frac{1}{8} + \frac{3}{7} =$

3. 次の計算をしましょう。

① $\dfrac{2}{5} + \dfrac{9}{20} =$　　　　② $\dfrac{4}{15} + \dfrac{3}{5} =$

③ $\dfrac{1}{3} + \dfrac{6}{15} =$　　　　④ $\dfrac{7}{10} + \dfrac{3}{40} =$

⑤ $\dfrac{1}{4} + \dfrac{5}{24} =$　　　　⑥ $\dfrac{1}{14} + \dfrac{2}{7} =$

⑦ $\dfrac{3}{11} + \dfrac{1}{33} =$　　　　⑧ $\dfrac{5}{18} + \dfrac{2}{3} =$

4. 牛にゅうが $\dfrac{2}{5}$ L入ったパックと、$\dfrac{3}{10}$ L入ったパックがあります。あわせると何Lですか。

　　式

　　　　　　　　　　　　　　　　　　　　　　　　答え＿＿＿＿＿＿

34 分数のたし算 ③

1. 次の計算をしましょう。

① $\dfrac{1}{4} + \dfrac{7}{10} =$

② $\dfrac{1}{18} + \dfrac{3}{4} =$

③ $\dfrac{4}{9} + \dfrac{1}{12} =$

④ $\dfrac{3}{10} + \dfrac{2}{15} =$

⑤ $\dfrac{5}{8} + \dfrac{3}{10} =$

⑥ $\dfrac{3}{10} + \dfrac{2}{25} =$

⑦ $\dfrac{1}{21} + \dfrac{5}{6} =$

⑧ $\dfrac{5}{9} + \dfrac{1}{15} =$

⑨ $\dfrac{5}{12} + \dfrac{5}{8} =$

⑩ $\dfrac{8}{21} + \dfrac{1}{6} =$

2. 次の計算をしましょう。

① $\dfrac{5}{12} + \dfrac{7}{18} =$ ② $\dfrac{5}{12} + \dfrac{7}{16} =$

③ $\dfrac{3}{20} + \dfrac{3}{8} =$ ④ $\dfrac{1}{12} + \dfrac{5}{8} =$

⑤ $\dfrac{7}{24} + \dfrac{7}{16} =$ ⑥ $\dfrac{7}{30} + \dfrac{7}{12} =$

⑦ $\dfrac{3}{20} + \dfrac{11}{30} =$ ⑧ $\dfrac{3}{22} + \dfrac{4}{33} =$

3. $\dfrac{7}{12}$Lの牛にゅうがあります。$\dfrac{5}{18}$Lの牛にゅうをつぎたしました。牛にゅうは何Lになりますか。

　　式

答え＿＿＿＿＿＿

35 まとめ 確にん問題 ④

1. 次の整数で奇数は〇でかこみましょう。　（〇1つ…2点）

13、30、501、702、863、9115、4090、7777

2. 倍数について答えましょう。

① 3の倍数を〇でかこみましょう。　（〇1つ…2点）

18、20、36、52、69、75、87

② 4と5の公倍数を、小さい方から5つかきましょう。　（□1つ…2点）

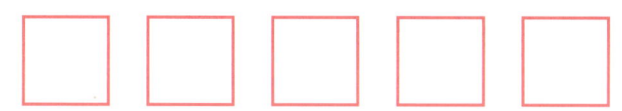

□ □ □ □ □

③ 最小公倍数を求めましょう。　（1問…10点）

㋐)12 , 16 (　　　)　　㋑)21 , 14 (　　　)

3. 約数について答えましょう。

① 48の約数をすべてかきましょう。　（10点）

_____

② 最大公約数を求めましょう。　（1問…10点）

㋐)18 , 12 (　　　)　　㋑)12 , 16 (　　　)

4. 次の計算をしましょう。　（1問…10点）

① $\dfrac{5}{12} + \dfrac{2}{9} =$ 　　② $\dfrac{1}{6} + \dfrac{7}{15} =$

36 ちょうせんじょう サイコロづくり！

5個のサイコロをつくろう！
開いたサイコロにとちゅうまで数字をかいたから、あとの□にあてはまる数を考えて入れてね。
サイコロは平行な面の目の数をたすと7になるよ。右のサイコロを見て考えてね！

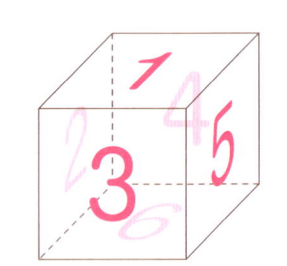

①

```
　１
３ ５
　６
```

サイコロの展開図は立方体の展開図といっしょだね！
１＋□＝７、７－１＝６だから１と平行な面には６が入るよ。
①なら３の下だね！

②

```
２
  ４ ６
```

③

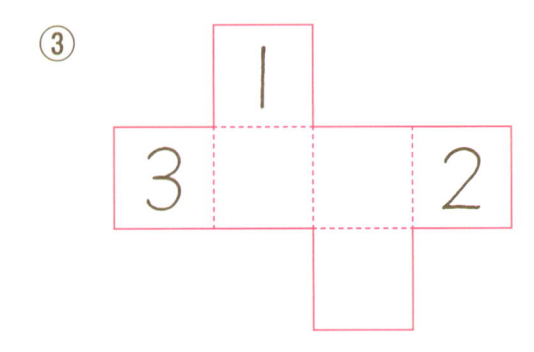

```
  １
３   ２
```

④

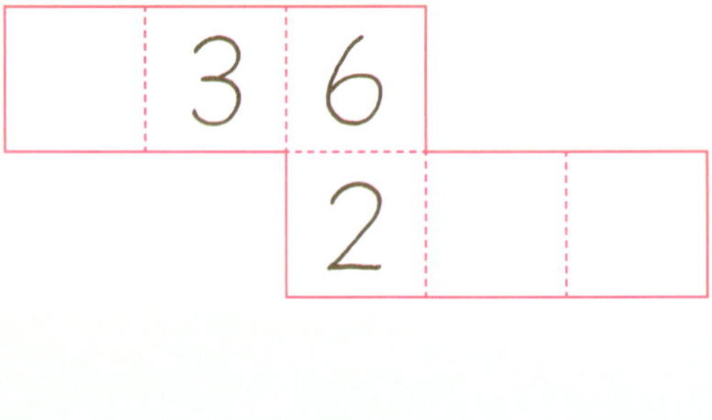

```
３ ６
  ２
```

⑤

```
  １
３ ５
```

37 分数のたし算 ④

1. 次の計算をしましょう。くり上がりがあります。答えは帯分数で表しましょう。

① $1\dfrac{3}{4} + 2\dfrac{4}{5} = 1\dfrac{15}{20} + 2\dfrac{16}{20}$
$= 3\dfrac{31}{20} = 4\dfrac{11}{20}$

> 帯分数のたし算は、
> ① 通分する
> ② 整数部分をたす
> ③ 分数部分をたす
> ④ 整数部分へ
> 　1くり上がる
> 　（分子＞分母の場合）
> とするよ。

② $2\dfrac{3}{5} + 1\dfrac{5}{6} =$

③ $1\dfrac{5}{8} + 1\dfrac{2}{3} =$

④ $2\dfrac{4}{7} + 2\dfrac{3}{4} =$

⑤ $1\dfrac{3}{8} + 3\dfrac{6}{7} =$

2. 次の計算をしましょう。くり上がりがあります。答えは帯分数で表しましょう。

① $1\dfrac{6}{7} + 2\dfrac{8}{21} =$

② $1\dfrac{5}{8} + 2\dfrac{3}{4} =$

③ $2\dfrac{2}{3} + 2\dfrac{7}{9} =$

④ $1\dfrac{2}{5} + 1\dfrac{11}{15} =$

3. $2\dfrac{4}{15}$ mのパイプに、$1\dfrac{4}{5}$ mのパイプをつなぎます。何mのパイプになりますか。

式

答え _____

38 分数のたし算 ⑤

1. 次の計算をしましょう。くり上がりがあります。答えは帯分数で表しましょう。

① $2\dfrac{9}{16} + 2\dfrac{7}{12} =$

② $1\dfrac{5}{6} + 2\dfrac{3}{4} =$

③ $2\dfrac{3}{4} + 1\dfrac{7}{10} =$

④ $2\dfrac{5}{12} + 2\dfrac{7}{9} =$

⑤ $3\dfrac{8}{15} + 3\dfrac{7}{12} =$

2. 次の計算をしましょう。

① $2\frac{11}{18} + 1\frac{11}{12} =$

② $1\frac{9}{10} + 2\frac{7}{25} =$

③ $2\frac{7}{9} + 2\frac{7}{15} =$

④ $2\frac{5}{6} + 1\frac{4}{21} =$

3. $1\frac{5}{14}$ Lの麦茶があります。そこへ $1\frac{8}{21}$ Lの麦茶を入れます。
麦茶は何Lになりますか。

式

答え _____

39 分数のひき算 ①

1. ジュースが $\frac{2}{3}$ L 入ったびんと、$\frac{1}{2}$ L 入ったびんがあります。
2つのびんのちがいは何Lですか。

式　$\frac{2}{3} - \frac{1}{2} = \frac{4}{6} - \frac{3}{6}$

　　　　　　　　$= \frac{1}{6}$

> 通分の仕方は、
> ① 分母の3と2の最小公倍数は6
> ② それぞれの分母が6になるよう分母・分子に2、3をかける（たすきかけ算）
> とするよ。

答え　　　　　L

2. 次の計算をしましょう。

① $\frac{4}{5} - \frac{4}{7} =$

② $\frac{3}{5} - \frac{1}{4} =$

③ $\frac{5}{6} - \frac{3}{5} =$

④ $\frac{3}{5} - \frac{4}{9} =$

⑤ $\frac{5}{7} - \frac{1}{3} =$

3. 次の計算をしましょう。

① $\dfrac{3}{4} - \dfrac{1}{7} =$

② $\dfrac{1}{2} - \dfrac{2}{5} =$

③ $\dfrac{4}{5} - \dfrac{1}{8} =$

④ $\dfrac{3}{5} - \dfrac{2}{7} =$

⑤ $\dfrac{4}{7} - \dfrac{2}{9} =$

⑥ $\dfrac{4}{7} - \dfrac{3}{8} =$

⑦ $\dfrac{2}{3} - \dfrac{5}{8} =$

⑧ $\dfrac{9}{11} - \dfrac{2}{3} =$

4. ジュースが $\dfrac{2}{3}$ L あります。$\dfrac{3}{8}$ L 飲みました。
   残りは何Lですか。

   式

   答え _____

40 分数のひき算 ②

1. 牛にゅうが $\frac{7}{9}$ Lあります。$\frac{2}{3}$ L飲みました。

   牛にゅうは、残りは何Lですか。

   式　$\frac{7}{9} - \frac{2}{3} =$

   > 通分の仕方は、
   > ① 分母の9と3の最小公倍数は9
   > ② それぞれの分母が9になるよう分母・分子に3をかける
   > 　（分母9はそのまま）
   > とするよ。

   答え＿＿＿＿＿＿

2. 次の計算をしましょう。

   ① $\frac{9}{20} - \frac{2}{5} =$

   ② $\frac{3}{5} - \frac{7}{15} =$

   ③ $\frac{5}{6} - \frac{5}{12} =$

   ④ $\frac{7}{10} - \frac{9}{40} =$

   ⑤ $\frac{4}{9} - \frac{7}{18} =$

   ⑥ $\frac{10}{21} - \frac{3}{7} =$

3. 次の計算をしましょう。

① $\dfrac{4}{5} - \dfrac{3}{20} =$　　　　② $\dfrac{5}{6} - \dfrac{1}{24} =$

③ $\dfrac{3}{5} - \dfrac{2}{15} =$　　　　④ $\dfrac{3}{7} - \dfrac{3}{14} =$

⑤ $\dfrac{3}{4} - \dfrac{3}{16} =$　　　　⑥ $\dfrac{3}{8} - \dfrac{5}{16} =$

⑦ $\dfrac{6}{7} - \dfrac{5}{21} =$　　　　⑧ $\dfrac{5}{6} - \dfrac{7}{24} =$

⑨ $\dfrac{11}{30} - \dfrac{2}{15} =$

41 分数のひき算 ③

1. 次の計算をしましょう。

① $\dfrac{3}{8} - \dfrac{1}{6} =$

② $\dfrac{7}{4} - \dfrac{5}{6} =$

③ $\dfrac{5}{9} - \dfrac{1}{6} =$

④ $\dfrac{8}{15} - \dfrac{1}{6} =$

⑤ $\dfrac{5}{12} - \dfrac{1}{8} =$

⑥ $\dfrac{7}{10} - \dfrac{1}{4} =$

⑦ $\dfrac{1}{8} - \dfrac{1}{10} =$

⑧ $\dfrac{7}{12} - \dfrac{2}{9} =$

2. ぶどうジュースは $\dfrac{5}{6}$ L、りんごジュースは $\dfrac{3}{4}$ L あります。どちらのジュースの方が何L多いですか。

式　$\dfrac{5}{6} - \dfrac{3}{4} = \dfrac{10}{12} - \dfrac{9}{12}$

　　　　$= \dfrac{}{}$

答え　　　　ジュースの方が　　L多い

3. 次の計算をしましょう。

① $\dfrac{5}{12} - \dfrac{5}{18} =$ ② $\dfrac{7}{18} - \dfrac{4}{27} =$

③ $\dfrac{7}{24} - \dfrac{3}{16} =$ ④ $\dfrac{7}{20} - \dfrac{7}{30} =$

⑤ $\dfrac{5}{12} - \dfrac{2}{15} =$ ⑥ $\dfrac{1}{14} - \dfrac{1}{21} =$

⑦ $\dfrac{9}{16} - \dfrac{5}{12} =$ ⑧ $\dfrac{10}{21} - \dfrac{3}{14} =$

4. おかしが $\dfrac{7}{8}$ kg あります。$\dfrac{5}{12}$ kg 食べました。
   おかしは、残り何 kg ですか。

   式

   答え _____

42 分数のひき算 ④

1. 次の計算をしましょう。約分があります。

① $\dfrac{5}{6} - \dfrac{1}{12} = \dfrac{10}{12} - \dfrac{1}{12}$
$= \dfrac{9}{12} = \dfrac{3}{4}$

② $\dfrac{6}{7} - \dfrac{4}{21} =$

③ $\dfrac{2}{3} - \dfrac{1}{24} =$

④ $\dfrac{3}{5} - \dfrac{4}{15} =$

⑤ $\dfrac{5}{6} - \dfrac{7}{18} =$

⑥ $\dfrac{3}{4} - \dfrac{3}{20} =$

⑦ $\dfrac{1}{2} - \dfrac{3}{10} =$

⑧ $\dfrac{7}{18} - \dfrac{2}{9} =$

⑨ $\dfrac{1}{2} - \dfrac{1}{6} =$

2. 次の計算をしましょう。約分があります。

① $\dfrac{5}{6} - \dfrac{2}{15} =$　　　　② $\dfrac{9}{10} - \dfrac{5}{6} =$

③ $\dfrac{7}{15} - \dfrac{1}{6} =$　　　　④ $\dfrac{5}{21} - \dfrac{1}{6} =$

⑤ $\dfrac{5}{21} - \dfrac{1}{14} =$　　　　⑥ $\dfrac{5}{14} - \dfrac{3}{10} =$

⑦ $\dfrac{14}{15} - \dfrac{7}{12} =$　　　　⑧ $\dfrac{7}{12} - \dfrac{7}{20} =$

3. $\dfrac{5}{6}$ dLのインクがあります。$\dfrac{3}{14}$ dLを使いました。インクの残りは何dLですか。

式

答え _____

43 分数のひき算 ⑤

1. 計算しましょう。くり下がりがあります。答えは帯分数で表しましょう。

① $4\dfrac{2}{9} - 1\dfrac{5}{6} = 4\dfrac{4}{18} - 1\dfrac{15}{18}$

$\phantom{4\dfrac{2}{9}-1\dfrac{5}{6}} = 3\dfrac{22}{18} - 1\dfrac{15}{18}$

$\phantom{4\dfrac{2}{9}-1\dfrac{5}{6}} =$

> 帯分数のひき算は、
> ① 通分する
> ② (分数部分がひけない)
>   整数が1くり下げる
> ③ 整数部分をひく
> ④ 分数部分をひく
> とするよ。

② $3\dfrac{1}{4} - 1\dfrac{5}{6} =$

③ $4\dfrac{1}{6} - 2\dfrac{7}{9} =$

④ $4\dfrac{1}{4} - 1\dfrac{5}{8} =$

2. 次の計算をしましょう。

① $3\dfrac{2}{15} - 1\dfrac{7}{9} =$

② $4\dfrac{5}{12} - 1\dfrac{5}{8} =$

③ $8\dfrac{1}{17} - 7\dfrac{3}{34} =$

3. 駅から$4\dfrac{2}{15}$km先に公園があります。自転車で、駅から$2\dfrac{7}{10}$kmのところまできました。公園までは、あと何kmですか。

式

答え＿＿＿＿＿＿＿＿＿

44 まとめ 確にん問題 ⑤

1. 次の計算をしましょう。 （1問…10点）

① $2\dfrac{3}{5} + 1\dfrac{3}{4} =$

② $2\dfrac{5}{9} + 3\dfrac{2}{3} =$

③ $1\dfrac{7}{16} + 3\dfrac{7}{12} =$

④ $1\dfrac{8}{15} + 2\dfrac{8}{9} =$

2. 次の計算をしましょう。 （1問…15点）

① $\dfrac{4}{5} - \dfrac{3}{7} =$

② $\dfrac{5}{12} - \dfrac{3}{28} =$

③ $\dfrac{7}{15} - \dfrac{1}{6} =$

④ $3\dfrac{5}{6} - 1\dfrac{3}{4} =$

ちょうせんじょう 45 分数めいろ！

あなの中を通ってデイビッドのところに行くよ！
道のとちゅうにかかれた分数で大きい数の方に進んでいってね！
とちゅうで必ずアザラシとも出会うよ。
早くデイビッドに会いたいな。

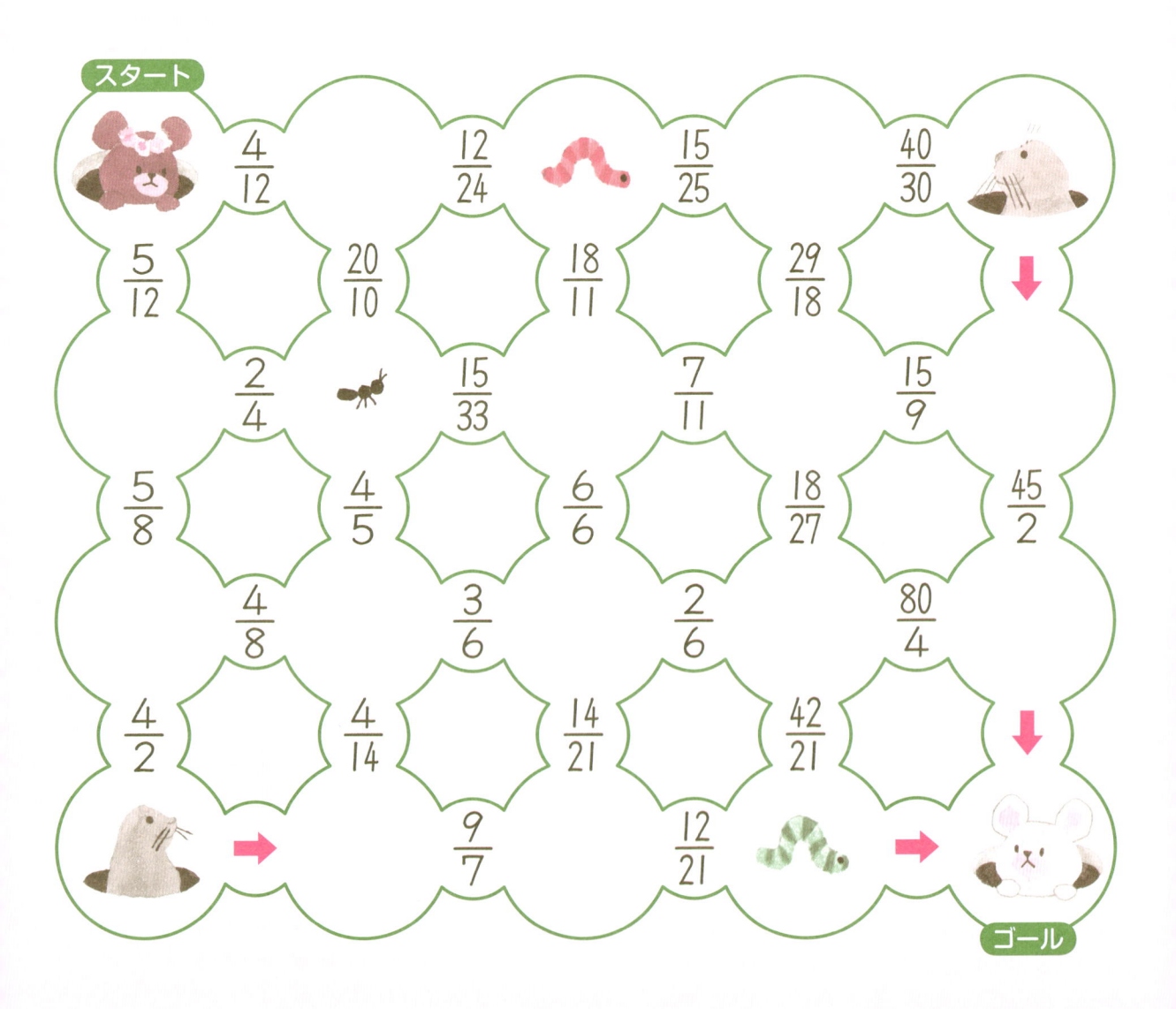

46 平均 ①

> 平均とは　平…でこぼこをならして平らにする。
> 　　　　　均…どこでも同じ状態にする。（均一にする。）こと！
> いろいろな大きさの数量を、等しい大きさになるようにならしたものを平均というよ。

1. 図を見て平均を求めましょう。

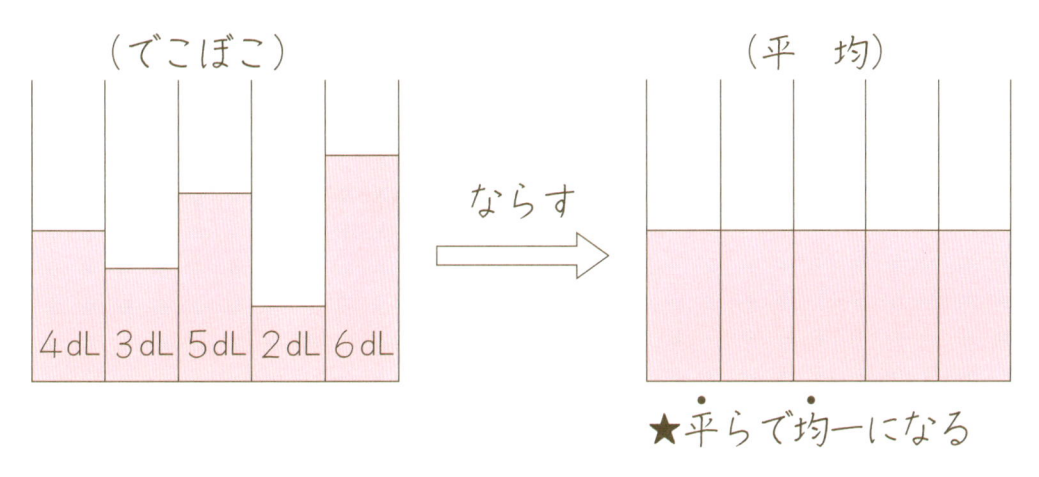

（でこぼこ）　4dL　3dL　5dL　2dL　6dL

ならす →

（平均）

★平らで均一になる

式　4＋3＋5＋2＋6＝20　（全体の量）

　　20÷5＝4　（同じように分ける）

答え　　　　dL

2. 次の計算テストの平均は何点ですか。

① 1回目75点、2回目70点、3回目95点のとき

式

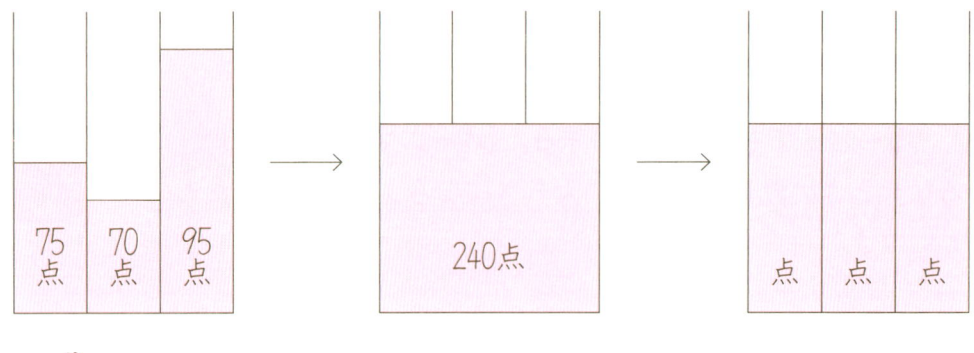

答え _____

② 1回目80点、2回目60点、3回目70点のとき

式

答え _____

3. 図を見て、㋐全体の量を求め、㋑平均を求めましょう。

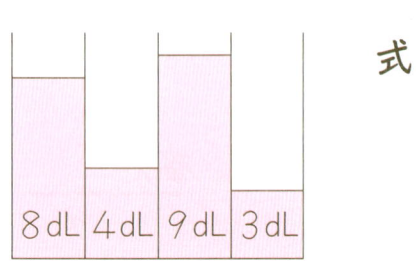

式

8dL 4dL 9dL 3dL

㋐ _____   ㋑ _____

47 平均 ②

1. ベルナルドは1歩の歩はばを知ろうとして、5回はかりました。その結果が下の表です。歩はばは平均何cmですか。

回	1	2	3	4	5
10歩(m)	4.6	4.9	4.9	4.8	4.8
歩はば(cm)	46	49	49	48	48

式

答え _____

2. ジャッキーも10歩の長さを5回はかりました。下の表の結果になりました。歩はばは平均何cmですか。

回	1	2	3	4	5
10歩(m)	3.6	3.7	3.8	3.6	3.8
歩はば(cm)	36	37	38	36	38

式

答え _____

3. ディッキーの走りはばとびの記録をとりました。下の表の結果になりました。はばとびの平均は何cmですか。

回	1	2	3	4	5
きょり(cm)	92	97	91	92	98

式

答え _____

4. ジャッキーは月曜日から金曜日まで、朝早くカブトムシ取りをしました。下の表を見て、1日平均何びきつかまえたことになりますか。

	月	火	水	木	金
カブトムシ(ひき)	5	4	0	7	4

式

答え _____

5. くまのこのサッカーチームは、5回の試合で下の表のように得点しました。1試合に平均何点取ったことになりますか。

	1回	2回	3回	4回	5回
得点	4	0	3	6	7

式

答え _____

6. お兄さんは月曜日から土曜日までジョギングをしています。下の表は6月の第2週の記録です。1日平均何km走ったことになりますか。

	月	火	水	木	金	土
ジョギング(km)	3.2	3.4	2.8	2.4	0	3.8

式

答え _____

48 単位量あたり ①

第1用法

基準の量 □	比べる量 390kg
1あたり	いくつ分 6a

比べる量 ÷ いくつ分 ＝ 基準の量

1. 6aの田んぼから390kgの米がとれました。1aあたり何kgの米がとれましたか。

   式　390 ÷ 6 ＝

   答え _____

2. 長さ4mで、重さ140gのつり糸があります。1mあたりの重さは何gになりますか。

□g	140g
1	4m

   式

   答え _____

3. 5aの田んぼから240kgのスイカがとれました。1aあたり何kgのスイカがとれたのですか。

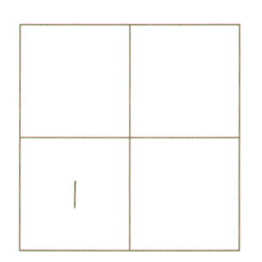

1	

   式

   答え _____

4. 4.5aの畑に肥料を6.3kgまきました。
   1aあたり何kgの肥料をまいたことになりますか。

   式

   答え _____

5. 3.5mが4900円するカーテンがあります。
   このカーテン1mあたりのねだんは何円ですか。

   式

   答え _____

6. 4個で1000円のケーキがあります。
   1個あたりのねだんは何円ですか。

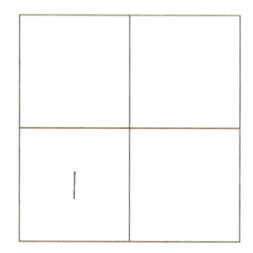

   式

   答え _____

49 単位量あたり ②

第2用法

基準の量 125kg	比べる量 □
1あたり	いくつ分 6a

基準の量 × いくつ分 ＝ 比べる量

1. 1aあたり125kgのみかんがとれる畑があります。6aからは何kgのみかんがとれますか。

   式　125×6＝

   答え _____

2. 1m²あたり4.5dLのペンキを使って、かべをぬります。3m²のかべをぬるには、何dLのペンキが必要ですか。

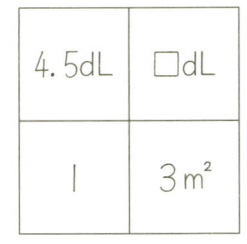

4.5dL	□dL
1	3m²

   式

   答え _____

3. 魚1ぴきあたりが6.5m²の広さになる池があります。魚は72ひきです。池の広さは何m²ですか。

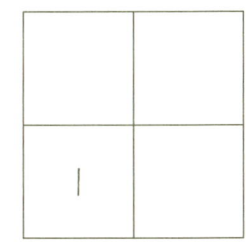

1	

   式

   答え _____

4. 道路を１m²つくるのに25万円かかります。
   道路を220m²つくると何万円になりますか。

   式

   答え

5. １aあたり120kgのぶどうがとれる畑があります。
   8.4aの畑からは何kgのぶどうがとれますか。

   式

   答え

6. 色紙を１人あたり12まい配ります。
   350人に配るには、色紙は何まい必要ですか。

   式

   答え

50 単位量あたり ③

第3用法

基準の量 14kg	比べる量 84kg
1 あたり	いくつ分 □

比べる量 ÷ 基準の量 = いくつ分

1. 1aあたり14kgの豆がとれる畑があります。84kgの豆をとるには、何aの畑が必要ですか。

　式　$84 \div 14 =$

　　　　　　　答え _____

2. ジャムが12dLあります。1日あたり4dLのジャムを使います。何日で使い終わりますか。

4dL	12dL
1	□日

　式

　　　　　　　答え _____

3. 重さが420gのはり金があります。はり金1mあたりの重さは7gです。このはり金の長さは何mですか。

1	

　式

　　　　　　　答え _____

4. 道路のほそうに、1m²あたり100kgの土を使います。
   みんなで協力して10t(10000kg)の土を集めました。
   道路は何m²ほそうできますか。

   式

   答え _____

5. 1mあたりの重さが6gのロープが420gあります。
   このロープの長さは何mですか。

   式

   答え _____

6. 肥料を畑に1aあたり4kgまきます。
   肥料は18kgあります。何aの畑にまけますか。

   式

   答え _____

51 単位量あたり ④

1. お兄さんたちは1分間に9羽の折りづるをつくります。
243羽の折りづるをつくるには、何分かかりますか。

9羽	243羽
1	□分

式

答え _____

2. ジャガイモが1m²の畑から1.5kgとれます。
同じようにとれるとすると、60kgのジャガイモがとれる畑の広さは何m²ですか。

1	

式

答え _____

3. 重さが476gのひもがあります。このひも1mの重さは14gです。
このひもの長さは何mですか。

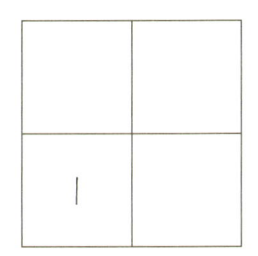

1	

式

答え _____

4. 1人分が270円の入園券を32人分買いました。
   合計何円ですか。

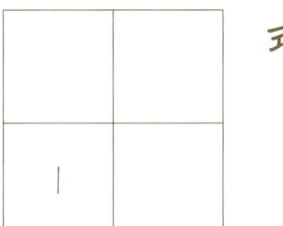

   式

   答え _____

5. 11.2Lの水を8m²の畑に同じようにまきました。
   1m²あたり何Lの水をまいたのですか。

   式

   答え _____

6. あめ74個の重さは296gです。
   このあめ1個の重さは何gですか。

   式

   答え _____

52 単位量あたり ⑤

1. 表のあいているところを求めましょう。

	秒速	分速	時速
自転車	m	m	18km
自動車	20m	km	km
電車	m	1.8km	km
飛行機	m	km	1080km

速さ×時間＝道のり
この式で、それぞれのあたいがいくらか、考えてね。

2. 次の速さ、きょり、時間を求めましょう。

① 時速60kmで90km進む時間は？（□時間）

式

答え _____

② 分速75mで40分歩くきょりは？（□m）

式

答え _____

③ 7分で5.6km走る馬の分速は？（□km）

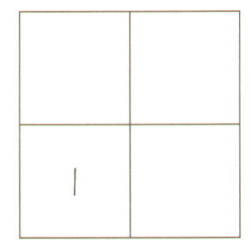

式

答え _____

3. ジャッキーは夢の中で時速156kmで飛びました。これは分速何kmになるでしょうか。

　式

　　　　　　　　　　　　　答え＿＿＿＿＿＿＿＿＿

4. 音の速さは秒速340mです。かみなりが光って7秒後に音が聞こえました。何mはなれたところで光ったのでしょうか。

　式

　　　　　　　　　　　　　答え＿＿＿＿＿＿＿＿＿

5. 台風が時速45kmで360kmはなれた町に向かっています。このまま台風が進むと、何時間後に来るでしょうか。

　式

　　　　　　　　　　　　　答え＿＿＿＿＿＿＿＿＿

6. 1時間で5100まい印刷する印刷機は、1分間に何まい印刷するでしょうか。

　式

　　　　　　　　　　　　　答え＿＿＿＿＿＿＿＿＿

53 まとめ 確にん問題 ⑥

次の問題をしましょう。

1. 算数テスト4回の平均が86点でした。
   5回目に96点とると、平均点は何点になりますか。（式…30点、答え…10点）

	1、2、3、4	5
点	86　86　86　86	96

式

答え

2. 1aあたり24kgのトマトがとれる畑があります。
   今年のしゅうかくは120kgでした。畑の広さは何aですか。
   （式…20点、答え…10点）

式

答え

3. 1cm²が0.8gのアルミニウムの板があります。
   このアルミニウムの板32gは何cm²ですか。
   （式…20点、答え…10点）

式

答え

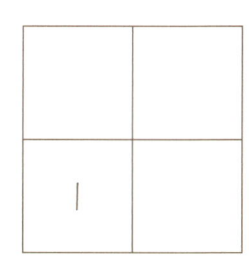

ちょうせんじょう
54 ペントミノづくり！

同じ大きさの正方形を5こかいて、かならずどれかの正方形に1辺をくっつけた形を「ペントミノ」というよ！

右のようにうら返したり、かたむけたりしたものをのぞくと、全部で12種類のならべ方があるよ！12種類全部見つけられるかな？

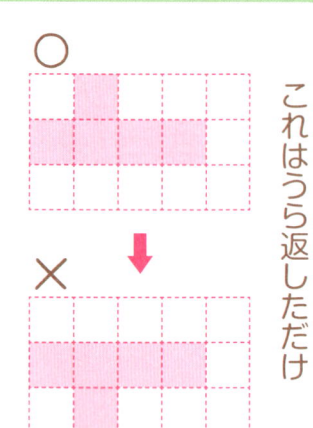

これはうら返しただけ

55 割合 ①

1. 畑を2つに分けて、花と野菜を作っています。
花の畑は36m²で、野菜の畑は90m²です。
次の問いに答えましょう。

① 花畑をもとにした、野菜畑の割合はいくつですか。
また、そのあたいを百分率で表しましょう。

式　　比べられる量　もとにする量　割合
　　　90　÷　36　＝　2.5

　　　2.5　×　100　＝　250　百分率(%)

答え　2.5, 250%

② 野菜畑をもとにした、花畑の割合はいくつですか。
また、そのあたいを、百分率で表しましょう。

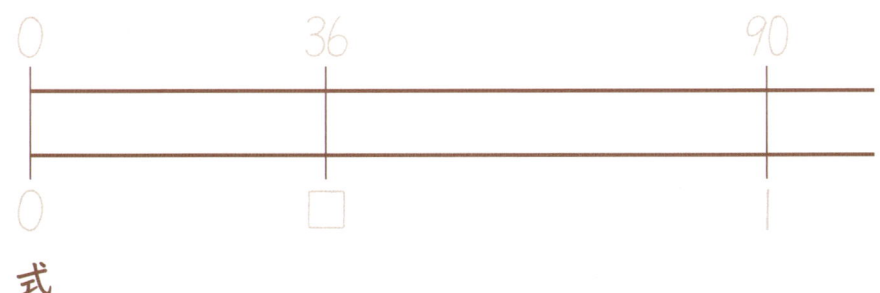

式

答え　　　,

2. 120m²の畑に、ジャガイモ畑を36m²作りました。畑全体をもとにした、ジャガイモ畑の割合と百分率を求めましょう。

```
0          36                    120
|----------|---------------------|
0          □                     1
```

式

答え　　　　　，

3. 120m²の畑に、トマトの畑を84m²作りました。畑全体をもとにした、トマト畑の割合と百分率を求めましょう。

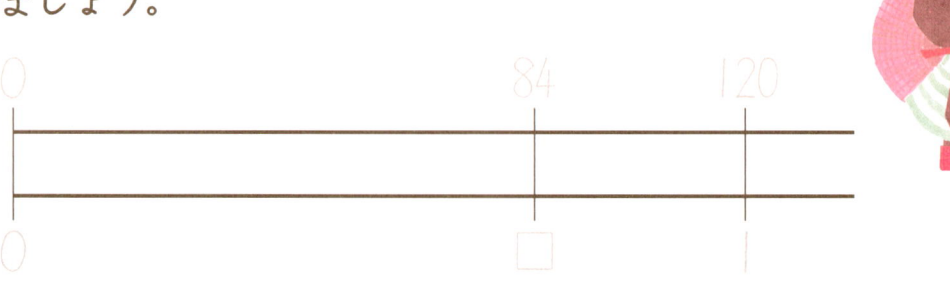

```
0                   84      120
|-------------------|-------|
0                   □       1
```

式

答え　　　　　，

56 割合 ②

表をかいてから割合を求め、百分率も答えましょう。

1. 1年間にA球場では105試合が、B球場では125試合が予定されています。

　　B球場の試合数に対するA球場の試合数の割合。

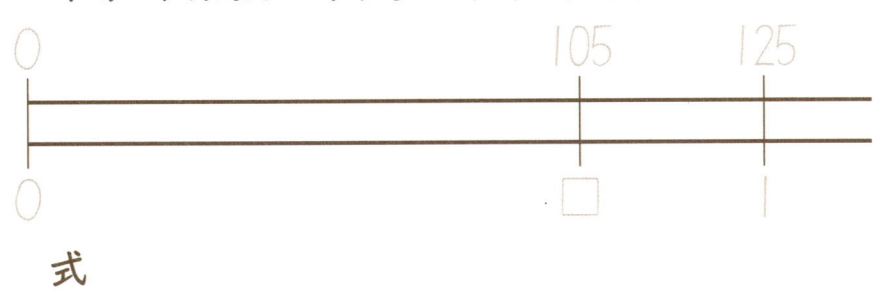

式

答え　　　　　，

2. 姉は、210円のクレヨンと840円のはさみを買って1050円はらいました。

① はさみの代金に対するクレヨンの代金の割合

式

答え　　　　　，

② はらった代金に対するはさみの代金の割合

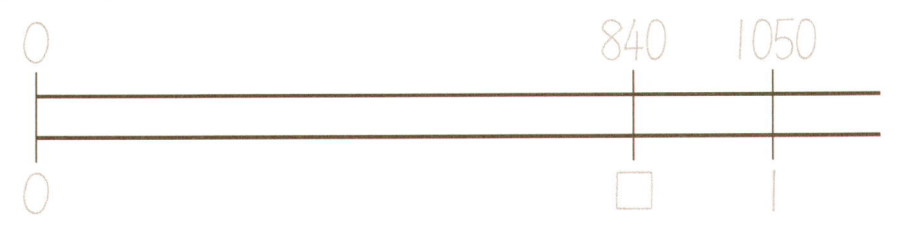

式

答え　　　　　，

3. 2400mのジョギングコースの1800m地点を通過しました。
通過地点は、全体のどれだけにあたりますか。

式

答え　　　　　，

4. ジャッキーは17さつ、兄は68さつの本を読みました。
ジャッキーの読んだ本の数は、兄の本の数のどれだけにあたりますか。

式

答え　　　　　，

5. 学校は960m²で、池は144m²あります。
池は、学校のどれだけにあたりますか。

式

答え　　　　　，

57 割合 ③

1. 定員65人の定期バスに、定員の120%の人が乗っています。このバスに乗っている人は何人ですか。

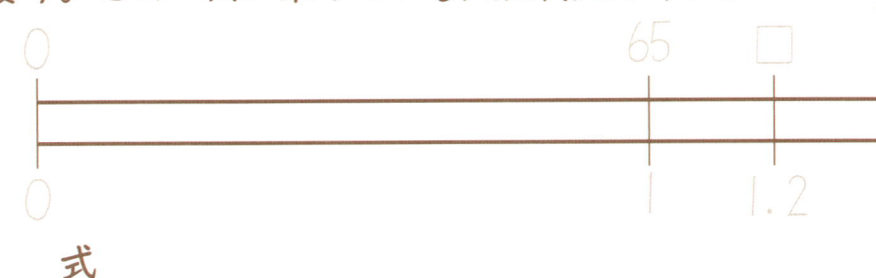

```
0                    65    □
|────────────────────|─────|
0                    1    1.2
```

式

答え _____

2. 1400円で仕入れたシャツに2割5分の利益を加えて、定価にしました。定価は何円ですか。

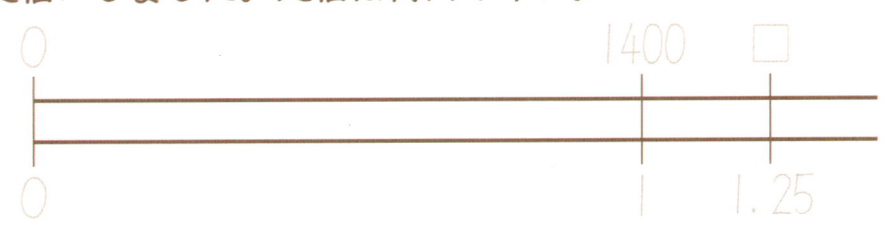

```
0                   1400   □
|────────────────────|─────|
0                    1   1.25
```

式

答え _____

3. 定価2800円のぼうしを、定価の25%引きで売ることにしました。何円で売るのですか。

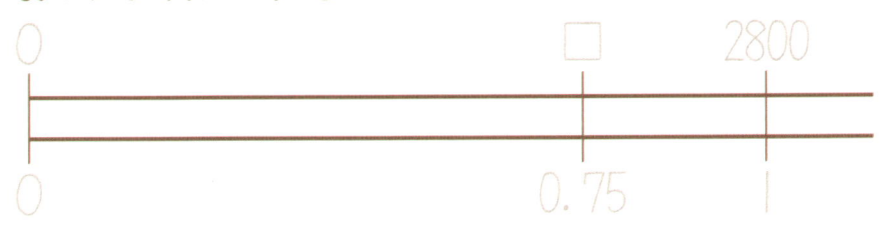

```
0              □     2800
|──────────────|──────|
0            0.75     1
```

式

答え _____

4. 定価2400円のセーターを、定価の3割5分引きで買いました。代金はいくらですか。

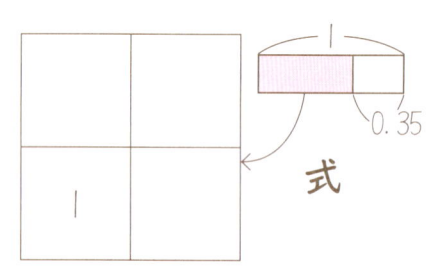

式

答え _____

5. 本体価格2400円の文具セットを、25％引きで売っていました。
1セット買うと、税が8％かかります。
次の問いに答えましょう。

① 25％びきのねだんはいくらですか。

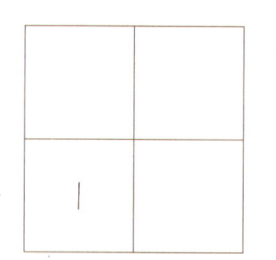

式

答え _____

② ①に税がかかるといくらですか。

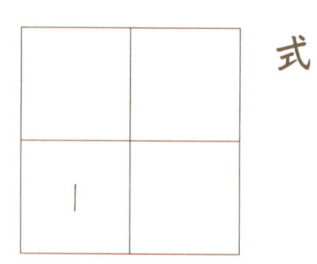

式

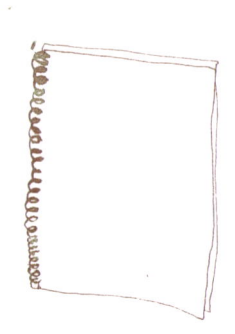

答え _____

58 割合 ④

1. 南農園の26%は、花を育てています。
   その広さは65m²です。農園全体の面積は何m²ですか。

	65
1	0.26

   式

   答え _____

2. 地図を360円で買いました。
   これは定価の7割5分にあたります。
   地図の定価は何円ですか。

1	

   式

   答え _____

3. みんなで、山に木を植えています。
   昼までに1900本植えました。これは予定の76%にあたります。
   全部で何本植える予定ですか。

1	

   式

   答え _____

4. ジャッキーはそりすべりで42回勝ちました。
これは勝率3割5分になります。何回勝負したでしょうか。

式

答え＿＿＿＿＿＿＿＿

5. 1か月で集めた木の実のうち、25％はドングリで170個です。
集めた木の実は全部で何個ですか。

式

答え＿＿＿＿＿＿＿＿

6. 青りんごを266個しゅうかくしました。
これはしゅうかくしたりんごの28％でした。
りんごは全部で何個ですか。

式

答え＿＿＿＿＿＿＿＿

59 割合 ⑤

1. 次のグラフを見て答えましょう。

図書館の本の種類

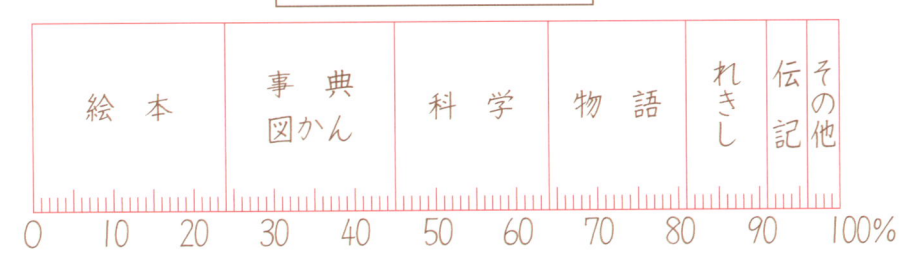

| 絵本 | 事典図かん | 科学 | 物語 | れきし | 伝記 | その他 |

それぞれの本は、全体の何％ですか。

絵 本……＿＿＿＿＿　　事典・図かん……＿＿＿＿＿

科 学……＿＿＿＿＿　　物 語……＿＿＿＿＿

れきし……＿＿＿＿＿　　伝 記……＿＿＿＿＿

2. 次のグラフを見て答えましょう。

将来の夢

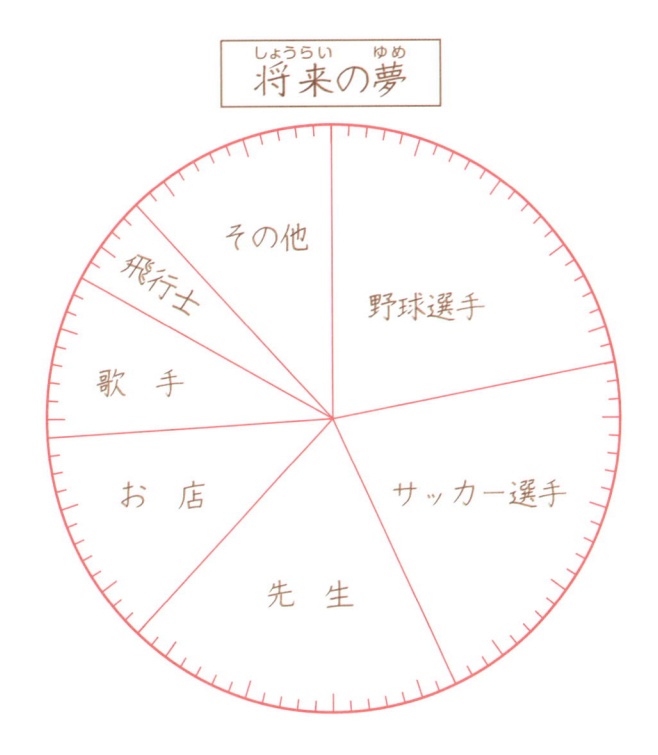

それぞれの夢は、全体の何％ですか。

野球選手……＿＿＿＿＿

サッカー選手…＿＿＿＿＿

先 生……＿＿＿＿＿

お 店……＿＿＿＿＿

歌 手……＿＿＿＿＿

飛行士……＿＿＿＿＿

3. 次の表は、東小学校児童の「好きなスポーツ」を調べたものです。

① 百分率を求めましょう。

[好きなスポーツ]

スポーツ名	人数（人）	百分率（％）
サッカー	81	
野　　球	66	
バスケット	42	
テ ニ ス	33	11
バレーボール	24	
ラ グ ビ ー	9	
そ の 他	45	
合　　計	300	100

② 帯グラフにしましょう。

[好きなスポーツ]

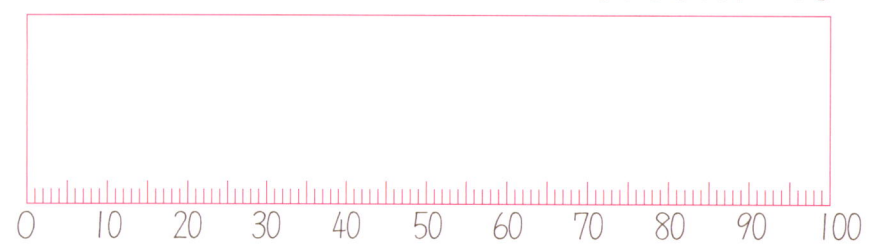

③ 円グラフにしましょう。

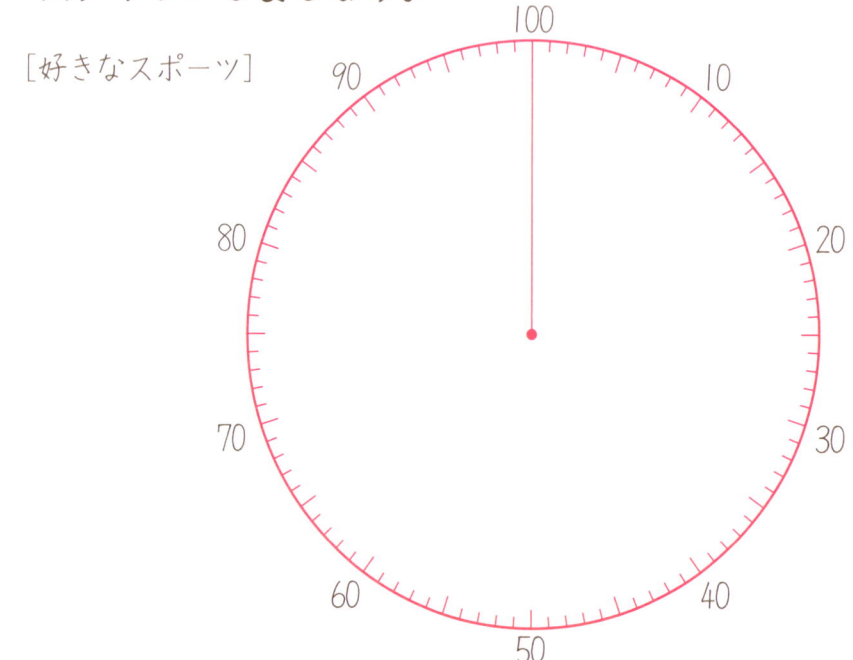

[好きなスポーツ]

60 かんたんな比例

1. 空の水そうに水を入れました。次の問いに答えましょう。

① 下の文を見て、表に数をかきましょう。
- 1L入れると、水の深さは2cmでした。
- 2L入れると、水の深さは4cmでした。
- 3L入れると、水の深さは6cmでした。
- 4L入れると、水の深さは8cmでした。
- 5L入れると、水の深さは10cmでした。

水の量 (L)	1	2	3	4	5
水の深さ (cm)	2				

> このように、ともなって変わる2つの量の、一方が2倍、3倍……となると、もう一方も2倍、3倍……となるとき、2つの量は**比例する**というよ。

② 上の表のつづきをかきましょう。

水の量 (L)	6	7	8	9
水の深さ (cm)			16	

2. 次の表は、1mあたり3kgの鉄ぼうの長さと重さの関係を表したものです。

① 表にあう数をかき入れましょう。

長さ (m)	1	2	3	4	5	6
重さ (kg)	3					

② 鉄ぼうの長さが2倍、3倍…になるとき、重さはどうなりますか。

答え _____

③ 鉄ぼうの重さは、長さにある決まった数をかけて表すことができます。
　右の表にあう数をかき入れましょう。

重さ	=	長さ	×	決まった数
3	=	1	×	
	=	2	×	
	=	3	×	

④ 鉄ぼうの重さと長さの関係を、(重さ)、(長さ)、(決まった数)の言葉を使って式に表しましょう。

式　(重さ) = _____ × _____

⑤ 鉄ぼうの長さが7mになるとき、重さは何kgになりますか。

式

答え _____

61 まとめ 確にん問題 ⑦

1. 百分率で表した割合を、小数で表しましょう。 （1問…5点）

① 47% = 　　　　② 0.3% =

③ 9% = 　　　　　④ 183% =

⑤ 80% =

2. 小数で表した割合を、百分率で表しましょう。 （1問…5点）

① 0.36 = 　　　　② 0.06 =

③ 1.37 = 　　　　④ 0.809 =

⑤ 0.5 =

3. 次の量は、（　）の中の何%ですか。 （1問…5点）

① 72cm（45cm）_____　② 288円（640円）_____

③ 214.6g（370g）_____　④ 6.24L（8L）_____

⑤ 130kg（50kg）_____

4. 次の□にあてはまる数をかきましょう。 （1問…5点）

① □円の80%は192円　② □Lの130%は650L

③ 10人は□人の4%　　④ 1170gは□gの180%

⑤ □mの35%は280m

まとめ 62 確にん問題 ⑧

1. 旅行で36000円使いました。40%は食費で、食費の30%は昼食代です。
   ① 食費はいくらですか。　　　　　　　　　　（式…15点、答え…10点）

   式

   答え _____

   ② 昼食代はいくらですか。　　　　　　　　　（式…15点、答え…10点）

   式

   答え _____

2. 小学校の女子は全員で104人です。それは、全校生との40%です。全校生とは何人ですか。　　　　　　　　　（式…15点、答え…10点）

   式

   答え _____

3. 6400円で仕入れた品物に、仕入れねの20%を加えて定価にしました。定価はいくらですか。　　　　　（式…15点、答え…10点）

   式

   答え _____

63 5年のまとめ ①

1. 次の計算をしましょう。　（1問…12点）

① 7.9 × 7.8

② 3.8 × 8.9

③ 1.7 × 7.8

④ 1.2) 25.2

⑤ 2.1) 67.2

2. 次の計算をしましょう。仮分数は帯分数で表しましょう。　（1問…10点）

① $\dfrac{1}{8} + \dfrac{1}{12} =$

② $1\dfrac{4}{15} + 1\dfrac{1}{6} =$

③ $\dfrac{5}{6} - \dfrac{3}{8} =$

④ $3\dfrac{7}{12} - 1\dfrac{2}{9} =$

64 まとめ 5年のまとめ ②

1. 次の表を見て、テストの平均点を求めましょう。　（式…20点、答え…10点）

教科	国語	社会	算数	理科
点数	85	95	100	88

式

答え _____

2. 次の表を見て、算数の得点を求めましょう。　（式…20点、答え…10点）

教科	国語	社会	算数	理科	平均点
点数	88	94	?	92	93

式

答え _____

3. 30Lのガソリンで720km走った車Aと、20Lのガソリンで520km走った車Bがあります。
　1Lあたりのガソリンで、たくさん走れる車はどちらですか。　（式…25点、答え…15点）

式

答え _____

使い方

🐭 答えだけ切りはなして、おうちの方が保管しておくことができます。

🐭 答えには「おうちの方へ」のコメントつきです。教える際の参考としてご活用ください。

切りはなして
ホチキスで
とめると
冊子になるよ

くまのがっこうドリル
小学5年生
計算
文章題

答え

1 4年の復習 ①

1. ① 70.3　② 90.6　③ 80.3
   ④ 6.42　⑤ 7.22　⑥ 8.31
   ⑦ 6.02　⑧ 5.71　⑨ 5.01
2. 3.46 + 3.54 = 7　　　　　　　　7kg
3. ① 123.4　② 135.7　③ 114.4
   ④ 12.22　⑤ 13.33　⑥ 14.44
   ⑦ 13.05　⑧ 14.06　⑨ 10.57
   ⑩ 10.02　⑪ 10.03　⑫ 10
4. 2.55 + 2.75 = 5.3　　　　　　　5.3km

> **おうちの方へ**　小数のたし算、ひき算を筆算でするときは、小数点をそろえてかきます。小数点の位置に気をつけて筆算の式をかきましょう。このページでは、くり上がりに気をつけましょう。2回くり上がりです。

2 4年の復習 ②

1. ① 0.78　② 0.67　③ 0.68
   ④ 0.85　⑤ 0.75　⑥ 0.67
   ⑦ 4.66　⑧ 6.47　⑨ 3.15
2. 3 − 0.75 = 2.25　　　　　　　　2.25m
3. ① 2.48　② 2.59　③ 2.85
   ④ 2.78　⑤ 6.72　⑥ 6.28
   ⑦ 3.49　⑧ 4.38　⑨ 2.95
   ⑩ 2.97　⑪ 1.76　⑫ 4.97
4. 3 − 0.03 = 2.97　　　　　　　　2.97cm

> **おうちの方へ**　小数のひき算では、0.2のように差の一の位が0になることがあります。小数は、小数点の前に必ず数字が入ります。
> このページでは、くり下がりに気をつけましょう。2回くり下がりです。

3 4年の復習 ③

1. ① 202.5　② 310.8　③ 312.8
   ④ 203　⑤ 505.6　⑥ 431.2
   ⑦ 805.1　⑧ 425.7　⑨ 412.8
2. 5.8 × 45 = 261　　　　　　　　261g
3. ① 2.1　② 3.3　③ 1.1
   ④ 1.4　⑤ 2.2　⑥ 1.3
   ⑦ 2.1　⑧ 1.8　⑨ 2.8
4. 82.8 ÷ 23 = 3.6　　　　　　　　3.6m

> **おうちの方へ**　小数×整数の筆算は、整数のかけ算と同じように右につめてかきます。
> 積の小数点は、かけられる数の「小数点からのケタ数」と同じ位置になります。

4 4年の復習 ④

1. ① 224.4　② 225.6　③ 342.2
   ④ 633.6　⑤ 513.5　⑥ 655.2
   ⑦ 541.5　⑧ 620.5　⑨ 432.4
2. 6.8 × 75 = 510　　　　　　　　510m²
3. ① 0.22　② 0.16　③ 0.17
   ④ 0.12　⑤ 0.13　⑥ 0.13
   ⑦ 0.11　⑧ 0.13　⑨ 0.14
4. 6.72 ÷ 32 = 0.21　　　　　　　0.21kg

> **おうちの方へ**　3．小数÷整数の筆算では、商の小数点の位置は、わられる数の小数点を上に上げた位置になります。

5 4年の復習 ⑤

1. ① 124.6　② 218.4　③ 126
   ④ 455.9　⑤ 564.4　⑥ 668.8
   ⑦ 117　⑧ 267.3　⑨ 248.4
2. 3.6 × 36 = 129.6　　　　　　　129.6m²
3. ① 2.1…0.4　② 2.1…0.7　③ 1.4…0.4
   ④ 1.1…0.2　⑤ 2.1…2　⑥ 1.1…1.6
   ⑦ 2.1…2　⑧ 2.2…0.9　⑨ 1.2…0.5
4. 46.2 ÷ 21 = 2.2　　　　　　　　2.2m

> **おうちの方へ**　3．の答えでは、あまりを「…」で表しています。

6　4年の復習 ⑥

1. ① $\frac{8}{5}$　② $\frac{10}{7}$　③ $\frac{13}{9}$　④ $\frac{4}{3}$
   ⑤ $\frac{9}{4}$　⑥ $\frac{11}{5}$　⑦ $\frac{7}{3}$　⑧ $\frac{13}{6}$
   ⑨ $\frac{18}{5}$　⑩ $\frac{20}{7}$　⑪ $\frac{17}{3}$　⑫ $\frac{19}{8}$
   ⑬ 2　⑭ 4　⑮ 2　⑯ 4

2. ① $2\frac{1}{7}$　② $1\frac{5}{6}$　③ $1\frac{3}{4}$
   ④ $1\frac{4}{5}$　⑤ $1\frac{5}{8}$　⑥ $1\frac{7}{10}$
   ⑦ $2\frac{2}{3}$　⑧ $2\frac{3}{8}$　⑨ $2\frac{5}{6}$
   ⑩ $2\frac{3}{4}$　⑪ $2\frac{1}{3}$　⑫ $2\frac{7}{9}$

3. $\frac{7}{6} + \frac{11}{6} = \frac{18}{6} = 3$　　　3 m

> **おうちの方へ**　分数で、分母より分子が大きい数を「仮分数」といいます。また整数と分数が組み合わさった数を「帯分数」といいます。
> 分子が分母の倍数のとき、答えは整数になります。($\frac{20}{10} = 2$)

7　4年の復習 ⑦

1. ① $\frac{4}{9}$　② $\frac{3}{7}$　③ $\frac{6}{5}$　④ $\frac{2}{3}$
   ⑤ $\frac{3}{4}$　⑥ $\frac{4}{5}$　⑦ $\frac{5}{3}$　⑧ $\frac{5}{6}$
   ⑨ $\frac{11}{5}$　⑩ $\frac{9}{7}$　⑪ $\frac{10}{3}$　⑫ $\frac{9}{8}$
   ⑬ $\frac{5}{4}$　⑭ $\frac{15}{7}$　⑮ $\frac{13}{10}$　⑯ $\frac{13}{6}$

2. ① $1\frac{2}{5}$　② $1\frac{1}{7}$　③ $2\frac{1}{3}$
   ④ $1\frac{2}{9}$　⑤ $2\frac{4}{5}$　⑥ $2\frac{1}{6}$
   ⑦ $2\frac{1}{4}$　⑧ $3\frac{1}{3}$　⑨ $2\frac{2}{7}$
   ⑩ $2\frac{3}{5}$　⑪ $2\frac{4}{5}$　⑫ $2\frac{1}{7}$

3. $\frac{22}{7} - \frac{8}{7} = \frac{14}{7} = 2$　　　2 L

8　まとめ　確にん問題 ①

1. $2.86 + 2.14 = 5$　　　5 m
2. $3.24 - 2.68 = 0.56$　　　0.56 L
3. $5.25 × 28 = 147$　　　147 m
4. $1.2 ÷ 3 = 0.4$　　　0.4 L

> **おうちの方へ**　ここまでが4年生の復習問題です。小数と分数の問題は5年生、6年生でも出題されます。間違いがなくなるまで、くり返し取り組みましょう。

9　ちょうせんじょう　たし算ピラミッド！

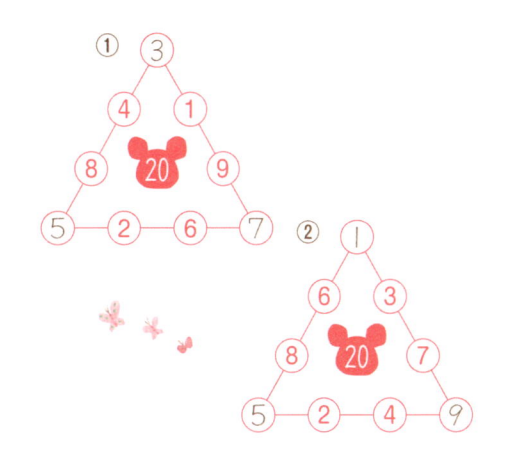

① ３
　４　１
　８　【20】　９
５　２　６　７

② １
　６　３
　８　【20】　７
５　２　４　９

10　小数のかけ算 ①

1. $2 × 3.2 = 6.4$　　　6.4 m²
   6こで [6] m²、4こで [0.4] m²、合わせて [6.4] m²

2. $124 × 3.5 = 434$　　　434円

3. ① 8.1　② 38.4　③ 46.8
   ④ 95.2　⑤ 499.5　⑥ 403.2
   ⑦ 754.4　⑧ 934.2　⑨ 702
   ⑩ 672　⑪ 378　⑫ 819

> **おうちの方へ**　整数×小数の筆算は、整数と同じように右からつめてかきます。積の小数点の位置は、かける数の小数点のケタ数と同じです。

11 小数のかけ算②

1. $2.4 \times 3.6 = 8.64$ 　　　　　　　　　$8.64m^2$
2. ① 9.12　② 8.16　③ 8.28
   ④ 7.56　⑤ 35.84　⑥ 34.56
   ⑦ 34.2　⑧ 26.1　⑨ 3.431
   ⑩ 5.146　⑪ 2.535　⑫ 4.35

> **おうちの方へ** 小数×小数では、積の小数点の位置は、かける数とかけられる数で決まります。2つの数の、小数点より下のケタ数をたした数が積の小数点以下のケタ数となります。
> （$0.1 \times 0.1 = 0.01$、$0.01 \times 0.1 = 0.001$）

12 小数のかけ算③

1. う、え、か
2. ① 7.936　② 1.7331
   ③ 0.212　④ 2.5228
3. ① 0.414　② 0.624　③ 0.945
   ④ 0.992　⑤ 0.928　⑥ 0.9
4. $120 \times 0.8 = 96$ 　　　　　　　　　96円
5. $2.8 \times 0.42 = 1.176$ 　　　　　　　1.176kg

13 小数のかけ算④

1. ① 486.4　② 486.4　③ 48.64
   ④ 4.864　⑤ 4.864
2. ① 478.8　② 478.8　③ 47.88
   ④ 4.788　⑤ 4.788
3. ① 0.475　② 0.864　③ 0.714
   ④ 0.945　⑤ 0.884　⑥ 0.731
   ⑦ 0.855　⑧ 0.952　⑨ 0.832
4. $2.6 \times 3.5 = 9.1$ 　　　　　　　　　$9.1m^2$

> **おうちの方へ** 小数点より下のケタ数が増えると、間違いが多くなります。
> 1．は、かける数とかけられる数の数字の並びは同じですが、小数点の位置が違います。正しく解けるまで、くり返し練習しましょう。

14 小数のかけ算⑤

1. ① 169.2　② 1.692　③ 169.2
   ④ 16.92　⑤ 1.692
2. ① 190.4　② 1.904　③ 190.4
   ④ 19.04　⑤ 0.1904
3. ① 6.656　② 8.505　③ 5.184
   ④ 5.928　⑤ 8.925　⑥ 8.736
   ⑦ 7.904　⑧ 6.213　⑨ 9.315
4. $2.4 \times 2.4 = 5.76$ 　　　　　　　　　$5.76m^2$

15 小数のかけ算⑥

1. $127 \times 1.4 = 177.8$ 　　　　　　　177.8cm
2. $425 \times 0.96 = 408$ 　　　　　　　408個
3. $0.85 \times 5.6 = 4.76$ 　　　　　　　4.76kg
4. $35 \times 1.8 = 63$ 　　　　　　　　　63さつ
5. $36.5 \times 2.4 = 87.6$ 　　　　　　　87.6kg
6. $4.5 \times 0.6 = 2.7$ 　　　　　　　　　2.7m

> **おうちの方へ** もとになる数を1として考えます。何倍になったかを考えて、式に表しましょう。
> 　何倍の数は、1より大きい数だけでなく、1より小さい数になったりします。

16 小数のかけ算 ⑦

1. ① $0.5 \times 4 \times 3.2 = 2 \times 3.2 = 6.4$
   ② $0.5 \times 6 \times 4.2 = 3 \times 4.2 = 12.6$
   ③ $4 \times 2.5 \times 2.3 = 10 \times 2.3 = 23$
   ④ $0.4 \times 2.5 \times 2.7 = 1 \times 2.7 = 2.7$
   ⑤ $8 \times 12.5 \times 5.7 = 100 \times 5.7 = 570$
   ⑥ $0.8 \times 12.5 \times 4.7 = 10 \times 4.7 = 47$
   ⑦ $4 \times 7.5 \times 3.4 = 30 \times 3.4 = 102$
   ⑧ $0.4 \times 7.5 \times 2.3 = 3 \times 2.3 = 6.9$

2. ① $(2.8 + 2.2) \times 1.7 = 5 \times 1.7 = 8.5$
   ② $(3.7 + 1.3) \times 1.8 = 5 \times 1.8 = 9$
   ③ $(7.5 - 2.5) \times 1.3 = 5 \times 1.3 = 6.5$
   ④ $(6.7 - 1.7) \times 1.5 = 5 \times 1.5 = 7.5$

> **おうちの方へ** 3つの数の計算では、工夫して簡単にできるものがあります。
> 1．は $4 \times 5 = 20$、$4 \times 25 = 100$、$4 \times 75 = 300$、$8 \times 125 = 1000$ となる数を探して計算しましょう。
> 2．は同じ数を探してまとめると簡単になります。①は1.7、②は1.8、③は1.3、④は1.5です。

17 まとめ 確にん問題 ②

1. ① $32 \times 3.2 = 102.4$
   ② $45 \times 3.7 = 166.5$
   ③ $28 \times 6.3 = 176.4$
   ④ $45 \times 3.5 = 157.5$
   ⑤ $54 \times 7.2 = 388.8$
   ⑥ $74 \times 4.3 = 318.2$
   ⑦ $82 \times 6.4 = 524.8$
   ⑧ $67 \times 9.5 = 636.5$

2. ① $3.6 \times 3.2 = 11.52$
   ② $8.4 \times 4.3 = 36.12$
   ③ $4.8 \times 2.6 = 12.48$
   ④ $6.5 \times 1.7 = 11.05$

18 ちょうせんじょう 図形さがし！

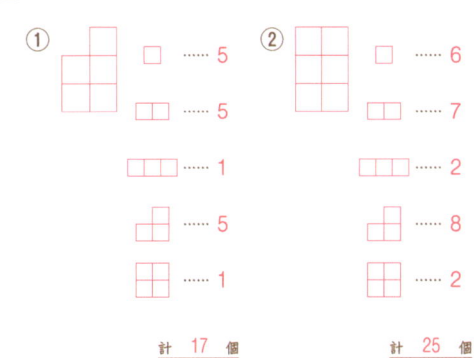

① 計 17 個
② 計 25 個

> **おうちの方へ** 見つけにくいのは、田です。田の中に4つあります。田には8つあります。小さな形は、えん筆でなぞりながら、ていねいに探しましょう。

19 小数のわり算 ①

1. ① $96 \div 3 = 32$ 　　32円
   ② $96 \div 2.4 = 40$ 　　40円
   ③ $96 \div 1.6 = 60$ 　　60円

2. ① $96 \div 1.2 = 80$ 　　80円
   ② $96 \div 0.8 = 120$ 　　120円
   ③ $96 \div 0.6 = 160$ 　　160円

20 小数のわり算②

1. ① 1230÷54 ② 123÷54
   ③ 12.3÷54 ④ 123÷54
2. ① 1.7 ② 3.4
3. ① 60 ② 40 ③ 30
   ④ 40 ⑤ 20 ⑥ 20
   ⑦ 160 ⑧ 240 ⑨ 320
4. 84÷1.2＝70 　　　　　　70円

> **おうちの方へ** 小数÷小数の問題も、わる数を整数にして計算します。商の小数点の位置は、われる数の移動した小数点と同じ位置です。
> 小数点の移動に気をつけましょう。わる数の小数点が移動した分だけ、われる数の小数点も移動します。

21 小数のわり算③

1. ① 1.4 ② 3.5 ③ 1.6
   ④ 6.5 ⑤ 3.5 ⑥ 4.5
   ⑦ 27 ⑧ 25 ⑨ 13
2. 5.4÷3.6＝1.5 　　　　　　1.5kg
3. 6.65÷3.5＝1.9 　　　　　　1.9kg

22 小数のわり算④

1. ① 0.45 ② 0.95 ③ 4.65
   ④ 2.35 ⑤ 4.05 ⑥ 3.06
2. 8.64÷2.4＝3.6 　　　　　　3.6m
3. 2.47÷3.8＝0.65 　　　　　　0.65m

> **おうちの方へ** わる数は小数点以下1ケタなので、小数点は右へ1つ移動します。

23 小数のわり算⑤

1. ① 360 ② 3600 ③ 36000
   ④ 3.6 ⑤ 0.36
2. ① 25000 ② 0.25 ③ 0.025
   ④ 2500 ⑤ 2.5
3. ① 5.2÷6.5＝0.8 　　　　　　0.8L
   ② 6.5÷5.2＝1.25 　　　　　　1.25kg

24 小数のわり算⑥

1. ① 16.5 ② 165 ③ 165
   ④ 1.65 ⑤ 1.65
2. ① 14.5 ② 145 ③ 14.5
   ④ 1.45 ⑤ 145
3. ① 6.5÷2.6＝2.5 　　　　　　2.5m
   ② 2.6÷6.5＝0.4 　　　　　　0.4kg

25 小数のわり算⑦

1. 2.5÷0.6＝4…0.1 　　4本とれて0.1mあまる
2. 2.5÷0.7＝3…0.4 　　3本とれて0.4mあまる
   確にん 2.5＝0.7×3＋0.4
3. 24.4÷5.8＝4…1.2 　　4個できて、1.2Lあまる
4. 46.2÷8.4＝5…4.2 　　5本できて4.2Lあまる
   確にん 46.2＝8.4×5＋4.2

> **おうちの方へ** あまりがあります。小数のわり算の筆算では、あまりの小数点の位置は、われる数の元の小数点の位置と同じです。われる数の元の小数点を下へおろしてつけます。
> 本書では、あまりを「…」と表しています。

26 まとめ 確にん問題③

1. ① 5 ② 5 ③ 6 ④ 4
   ⑤ 45 ⑥ 32 ⑦ 15
2. 5.5÷0.8＝6…0.7 　　6本とれて0.7mあまる

27 ちょうせんじょう 小数まほうじん！

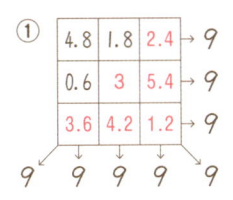

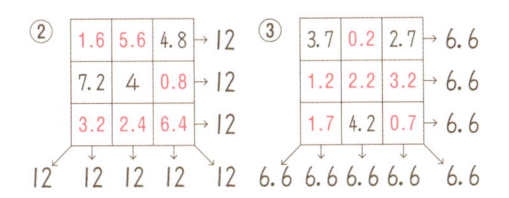

①
4.8	1.8	2.4	→9
0.6	3	5.4	→9
3.6	4.2	1.2	→9

→9　9　9　9

②
1.6	5.6	4.8	→12
7.2	4	0.8	→12
3.2	2.4	6.4	→12

→12　12　12　12

③
3.7	0.2	2.7	→6.6
1.2	2.2	3.2	→6.6
1.7	4.2	0.7	→6.6

→6.6　6.6　6.6　6.6

28 整数の性質 ①

1. ① ㋐ 11　㋑ 12
　② ㋐ 10…1　㋑ 11…1

2. 偶数　0, 2, 4, 6, 8, 10
　奇数　1, 3, 5, 7, 9, 11

3. 偶数　36, 64, 88, 90
　奇数　35, 63, 89, 91

4. ① ぐ　② き　③ き　④ ぐ
　⑤ ぐ　⑥ き　⑦ き　⑧ き
　⑨ き　⑩ ぐ

> **おうちの方へ**　偶数は2でわり切れる数。奇数は2でわり切れない数。一の位が奇数か偶数かで見分けます。「…」はあまりを表しています。

29 整数の性質 ②

1. 2, 4, 6, 8, 10, 12, 14, 16, 18, 20, 22, 24, 26, 28, 30

2. 3, 6, 9, 12, 15, 18, 21, 24, 27, 30

3. 4, 8, 12, 16

4. 6, 12, 18

5. ① 12, 24
　② 4, 8, 12, 16

> **おうちの方へ**　倍数・公倍数は、分数の計算で通分するときに必要になります。

30 整数の性質 ③

1. ① 1, 2　② 1, 3　③ 1, 2, 4
　④ 1, 2, 3, 6

2. ① 1, 2, 3, 4, 6, 12
　② 1, 2, 4, 8, 16
　③ 1, 2, 3, 6, 9, 18
　④ 1, 2, 4, 5, 10, 20

3. 1, 2, 4

4. ① 1, 2
　② 1, 2, 4

> **おうちの方へ**　約数・公約数は、分数の計算で約分するときに必要になります。

31 整数の性質 ④

1. ① 2　② 4　③ 2　④ 6
　⑤ 2　⑥ 6　⑦ 3　⑧ 4
　⑨ 9　⑩ 8

2. ① 12　② 24　③ 18　④ 56
　⑤ 36　⑥ 42　⑦ 60　⑧ 72
　⑨ 48　⑩ 45

> **おうちの方へ**　最大公約数の求め方は、両方の数字をわれる数でわっていき、わった数のかけ算で求めます。1．④12, 18なら、「2」でわって6, 9、さらに「3」でわって2, 3となります。最大公約数は、2×3＝6です。
>
> 最小公倍数の求め方は、2つあります。1つは、2つの数を約分していき、できた数と元の数を交互にかける方法。これは、2．①で説明しています。もう1つは、1．の最大公約数と同じ求め方をし、約分した数もかけ算します。2．⑤18, 12なら、「2」でわって9, 6、さらに「3」でわって「3, 2」。わった数と約分した数をかけ算して2×3×3×2＝36となります。最小公倍数は36となります。

32 分数のたし算 ①

1. ① $\frac{5}{10}, \frac{6}{10}$　② $\frac{12}{21}, \frac{14}{21}$
   ③ $\frac{8}{20}, \frac{15}{20}$　④ $\frac{10}{35}, \frac{42}{35}$

2. ① $\frac{2}{6}, \frac{5}{6}$　② $\frac{16}{20}, \frac{7}{20}$
   ③ $\frac{6}{9}, \frac{8}{9}$　④ $\frac{3}{8}, \frac{6}{8}$

3. ① $\frac{25}{60}, \frac{14}{60}$　② $\frac{9}{60}, \frac{35}{60}$
   ③ $\frac{15}{48}, \frac{14}{48}$　④ $\frac{10}{36}, \frac{15}{36}$
   ⑤ $\frac{21}{54}, \frac{8}{54}$　⑥ $\frac{14}{48}, \frac{15}{48}$
   ⑦ $\frac{8}{30}, \frac{21}{30}$　⑧ $\frac{15}{42}, \frac{8}{42}$
   ⑨ $\frac{16}{60}, \frac{9}{60}$　⑩ $\frac{14}{63}, \frac{6}{63}$

> **おうちの方へ** 通分とは、分母をそろえることです。2つの分母の最小公倍数を考えます。そのとき、分子には、分母と同じ数をかけます。

33 分数のたし算 ②

1. $\frac{1}{2} + \frac{1}{3} = \frac{5}{6}$　　　　$\frac{5}{6}$ L

2. ① $\frac{17}{20}$　② $\frac{29}{30}$　③ $\frac{31}{35}$　④ $\frac{38}{45}$
   ⑤ $\frac{11}{12}$　⑥ $\frac{31}{40}$　⑦ $\frac{35}{72}$　⑧ $\frac{31}{56}$

3. ① $\frac{17}{20}$　② $\frac{13}{15}$　③ $\frac{11}{15}$　④ $\frac{31}{40}$
   ⑤ $\frac{11}{24}$　⑥ $\frac{5}{14}$　⑦ $\frac{10}{33}$　⑧ $\frac{17}{18}$

4. $\frac{2}{5} + \frac{3}{10} = \frac{7}{10}$　　　　$\frac{7}{10}$ L

> **おうちの方へ** 通分してから計算しましょう。通分では、分母の大きい方の数がもう1つの分母の数の倍数になる場合があります。

34 分数のたし算 ③

1. ① $\frac{19}{20}$　② $\frac{29}{36}$　③ $\frac{19}{36}$　④ $\frac{13}{30}$
   ⑤ $\frac{37}{40}$　⑥ $\frac{19}{50}$　⑦ $\frac{37}{42}$　⑧ $\frac{28}{45}$
   ⑨ $\frac{25}{24}$　⑩ $\frac{23}{42}$

2. ① $\frac{29}{36}$　② $\frac{41}{48}$　③ $\frac{21}{40}$　④ $\frac{17}{24}$
   ⑤ $\frac{35}{48}$　⑥ $\frac{49}{60}$　⑦ $\frac{31}{60}$　⑧ $\frac{17}{66}$

3. $\frac{7}{12} + \frac{5}{18} = \frac{31}{36}$　　　　$\frac{31}{36}$ L

35 まとめ 確にん問題 ④

1. ① 13, 501, 863, 9115, 7777

2. ① 18, 36, 69, 75, 87
   ② 20, 40, 60, 80, 100
   ③ ㋐ 48　㋑ 42

3. ① 1, 2, 3, 4, 6, 8, 12, 16, 24, 48
   ② ㋐ 6　㋑ 4

4. ① $\frac{23}{36}$　② $\frac{19}{30}$

36 ちょうせんじょう サイコロづくり！

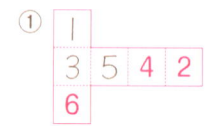

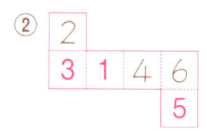

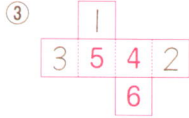

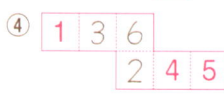

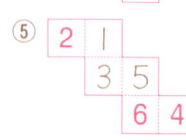

①

	1		
3	5	4	2
	6		

②

	2		
3	1	4	6
			5

③

	1		
3	5	4	2
		6	

④

1	3	6	
	2	4	5

⑤

2	1		
	3	5	
		6	4

37 分数のたし算 ④

1. ① $4\frac{11}{20}$ ② $4\frac{13}{30}$ ③ $3\frac{7}{24}$
   ④ $5\frac{9}{28}$ ⑤ $5\frac{13}{56}$

2. ① $4\frac{5}{21}$ ② $4\frac{3}{8}$ ③ $5\frac{4}{9}$
   ④ $3\frac{2}{15}$

3. $2\frac{4}{15} + 1\frac{4}{5} = 4\frac{1}{15}$　　　$4\frac{1}{15}$ m

> **おうちの方へ** 帯分数のたし算は、分子が分母より大きくなったとき、くり上げて、整数のところへたします。$1\frac{4}{3} \to 2\frac{1}{3}$ です。
> 「帯分数にしましょう。」とかかれているときは、答えは必ず帯分数でかきましょう。

38 分数のたし算 ⑤

1. ① $5\frac{7}{48}$ ② $4\frac{7}{12}$ ③ $4\frac{9}{20}$
   ④ $5\frac{7}{36}$ ⑤ $7\frac{7}{60}$

2. ① $4\frac{19}{36}$ ② $4\frac{9}{50}$ ③ $5\frac{11}{45}$
   ④ $4\frac{1}{42}$

3. $1\frac{5}{14} + 1\frac{8}{21} = 2\frac{31}{42}$　　　$2\frac{31}{42}$ L

39 分数のひき算 ①

1. $\frac{2}{3} - \frac{1}{2} = \frac{4}{6} - \frac{3}{6} = \frac{1}{6}$　　　$\frac{1}{6}$ L

2. ① $\frac{8}{35}$ ② $\frac{7}{20}$ ③ $\frac{7}{30}$ ④ $\frac{7}{45}$
   ⑤ $\frac{8}{21}$

3. ① $\frac{17}{28}$ ② $\frac{1}{10}$ ③ $\frac{27}{40}$ ④ $\frac{11}{35}$
   ⑤ $\frac{22}{63}$ ⑥ $\frac{11}{56}$ ⑦ $\frac{1}{24}$ ⑧ $\frac{5}{33}$

4. $\frac{2}{3} - \frac{3}{8} = \frac{7}{24}$　　　$\frac{7}{24}$ L

> **おうちの方へ** 分数のひき算も、通分してから分子をひき算して計算します。

40 分数のひき算 ②

1. $\frac{7}{9} - \frac{2}{3} = \frac{7}{9} - \frac{6}{9} = \frac{1}{9}$　　　$\frac{1}{9}$ L

2. ① $\frac{1}{20}$ ② $\frac{2}{15}$ ③ $\frac{5}{12}$ ④ $\frac{19}{40}$
   ⑤ $\frac{1}{18}$ ⑥ $\frac{1}{21}$

3. ① $\frac{13}{20}$ ② $\frac{19}{24}$ ③ $\frac{7}{15}$ ④ $\frac{3}{14}$
   ⑤ $\frac{9}{16}$ ⑥ $\frac{1}{16}$ ⑦ $\frac{13}{21}$ ⑧ $\frac{13}{24}$
   ⑨ $\frac{7}{30}$

> **おうちの方へ** このページの問題はすべて分母の大きい方の数が、もう1つの分母の数の倍数になっています。

41 分数のひき算 ③

1. ① $\frac{5}{24}$ ② $\frac{11}{12}$ ③ $\frac{7}{18}$ ④ $\frac{11}{30}$
   ⑤ $\frac{7}{24}$ ⑥ $\frac{9}{20}$ ⑦ $\frac{1}{40}$ ⑧ $\frac{13}{36}$

2. $\frac{5}{6} - \frac{3}{4} = \frac{10}{12} - \frac{9}{12} = \frac{1}{12}$
   　　　ぶどうジュースの方が $\frac{1}{12}$ L 多い

3. ① $\frac{5}{36}$ ② $\frac{13}{54}$ ③ $\frac{5}{48}$ ④ $\frac{7}{60}$
   ⑤ $\frac{17}{60}$ ⑥ $\frac{1}{42}$ ⑦ $\frac{7}{48}$ ⑧ $\frac{11}{42}$

4. $\frac{7}{8} - \frac{5}{12} = \frac{11}{24}$　　　$\frac{11}{24}$ kg

42 分数のひき算 ④

1. ① $\frac{3}{4}$ ② $\frac{2}{3}$ ③ $\frac{5}{8}$ ④ $\frac{1}{3}$
   ⑤ $\frac{4}{9}$ ⑥ $\frac{3}{5}$ ⑦ $\frac{1}{5}$ ⑧ $\frac{1}{6}$
   ⑨ $\frac{1}{3}$

2. ① $\frac{7}{10}$ ② $\frac{1}{15}$ ③ $\frac{3}{10}$ ④ $\frac{1}{14}$
   ⑤ $\frac{1}{6}$ ⑥ $\frac{2}{35}$ ⑦ $\frac{7}{20}$ ⑧ $\frac{7}{30}$

3. $\frac{5}{6} - \frac{3}{14} = \frac{13}{21}$ 　　　　$\frac{13}{21}$ dL

> **おうちの方へ** 約分は、分母と分子の公約数でわります。

43 分数のひき算 ⑤

1. ① $2\frac{7}{18}$ ② $1\frac{5}{12}$ ③ $1\frac{7}{18}$
   ④ $2\frac{5}{8}$

2. ① $1\frac{16}{45}$ ② $2\frac{19}{24}$ ③ $\frac{33}{34}$

3. $4\frac{2}{15} - 2\frac{7}{10} = 1\frac{13}{30}$ 　　　　$1\frac{13}{30}$ km

> **おうちの方へ** 帯分数のひき算では、通分して、分数部分のひき算を考え、次に整数部分のひき算を考えます。
> もし、分数部分のひかれる数がひく数より小さい場合は整数から1くり下げます。
> 1. ②は、
> $3\frac{3}{12} - 1\frac{10}{12} = 2\frac{15}{12} - 1\frac{10}{12} = 1\frac{5}{12}$ となります。

44 まとめ 確にん問題 ⑤

1. ① $4\frac{7}{20}$ ② $6\frac{2}{9}$ ③ $5\frac{1}{48}$
   ④ $4\frac{19}{45}$

2. ① $\frac{13}{35}$ ② $\frac{13}{42}$ ③ $\frac{3}{10}$ ④ $2\frac{1}{12}$

45 ちょうせんじょう 分数めいろ！

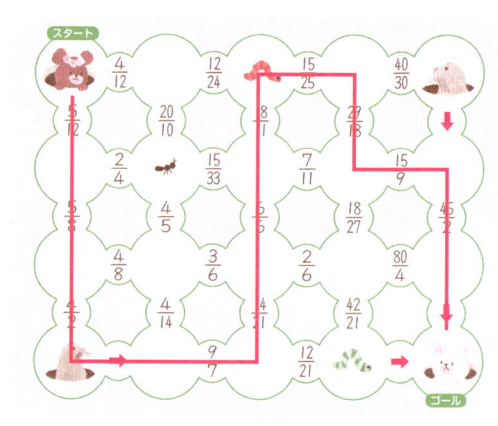

46 平均 ①

1. $4 + 3 + 5 + 2 + 6 = 20$
   $20 ÷ 5 = 4$　　　　　　　　　　4 dL

2. ① $75 + 70 + 95 = 240$
   $240 ÷ 3 = 80$　　　　　　　　80点
   ② $80 + 60 + 70 = 210$
   $210 ÷ 3 = 70$　　　　　　　　70点

3. $8 + 4 + 9 + 3 = 24$
   $24 ÷ 4 = 6$　　⑦ 24dL　　⑦ 6 dL

> **おうちの方へ** 平均の求め方は、たし算で全体の和を出して、いくつ分でわります。
> 1. は
> $4 + 3 + 5 + 2 + 6 = 20$、$20 ÷ 5 = 4$
> となり、答え4dLとなります。

47 平均 ②

1. $46 + 49 + 49 + 48 + 48 = 240$
   $240 \div 5 = 48$ — 48cm
2. $36 + 37 + 38 + 36 + 38 = 185$
   $185 \div 5 = 37$ — 37cm
3. $92 + 97 + 91 + 92 + 98 = 470$
   $470 \div 5 = 94$ — 94cm
4. $5 + 4 + 0 + 7 + 4 = 20$
   $20 \div 5 = 4$ — 4ひき
5. $4 + 0 + 3 + 6 + 7 = 20$
   $20 \div 5 = 4$ — 4点
6. $3.2 + 3.4 + 2.8 + 2.4 + 0 + 3.8 = 15.6$
   $15.6 \div 6 = 2.6$ — 2.6km

おうちの方へ 1.と2.は、歩はばを計るために10歩数えています。計算に使うのは「歩はば」の数です。
　表の中に0がある場合、0でも1回と数えます。4.と5.のわる数は5です。6.のわる数は6です。

48 単位量あたり ①

1. $390 \div 6 = 65$ — 65kg
2. $140 \div 4 = 35$ — 35g
3. $240 \div 5 = 48$ — 48kg
4. $6.3 \div 4.5 = 1.4$ — 1.4kg
5. $4900 \div 3.5 = 1400$ — 1400円
6. $1000 \div 4 = 250$ — 250円

おうちの方へ 左の4マス表に数字を入れて考えると便利です。
　ここでは、「1あたりの量」が知りたいので、1の上のマスが知りたい数となります。
　2.で4mが140gなので1mでは、4→1は÷4になるので、140÷4となります。
　3.は、5a→1aは÷5になるので、240÷5＝48（kg）となります。

49 単位量あたり ②

1. $125 \times 6 = 750$ — 750kg
2. $4.5 \times 3 = 13.5$ — 13.5dL
3. $6.5 \times 72 = 468$ — 468m²
4. $25 \times 220 = 5500$ — 5500万円
5. $120 \times 8.4 = 1008$ — 1008kg
6. $12 \times 350 = 4200$ — 4200まい

おうちの方へ ここでは、「比べる量」を求めます。
　2.で1m²は4.5dLなので、3m²のときのペンキの量は、1m²→3m²となるよう3倍します。4.5×3＝13.5（dL）となります。

50 単位量あたり ③

1. $84 \div 14 = 6$ — 6a
2. $12 \div 4 = 3$ — 3日
3. $420 \div 7 = 60$ — 60m
4. $10000 \div 100 = 100$ — 100m²
5. $420 \div 6 = 70$ — 70m
6. $18 \div 4 = 4.5$ — 4.5a

おうちの方へ ここでは、「いくつ分」を求めます。
　2.では、1日4dLのとき、12dLの日数を求めます。4→1は÷4になるので、12÷4＝3（日）となります。

51 単位量あたり ④

1. $243 \div 9 = 27$ — 27分
2. $60 \div 1.5 = 40$ — 40m²
3. $476 \div 14 = 34$ — 34m
4. $270 \times 32 = 8640$ — 8640円
5. $11.2 \div 8 = 1.4$ — 1.4L
6. $296 \div 74 = 4$ — 4g

おうちの方へ これまでに学習した問題が出ています。4マス表にわかっている数をかき、考えましょう。

52 単位量あたり ⑤

1.

	秒速	分速	時速
自転車	5m	300m	18km
自動車	20m	1.2km	72km
電車	30m	1.8km	108km
飛行機	300m	18km	1080km

2. ① $90 \div 60 = 1.5$　　　　　　　　　1.5時間
　　② $75 \times 40 = 3000$　　　　　　　　3000m
　　③ $5.6 \div 7 = 0.8$　　　　　　　　分速0.8km

3. $156 \div 60 = 2.6$　　　　　　　　　分速2.6km

4. $340 \times 7 = 2380$　　　　　　　　　2380m

5. $360 \div 45 = 8$　　　　　　　　　　8時間後

6. $5100 \div 60 = 85$　　　　　　　　　85まい

> **おうちの方へ**　「時間」は「時間＝道のり（きょり）÷速さ」で求めます。
> 「速さ」は「速さ＝道のり（きょり）÷時間」で求めます。
> 4マス表にわかっている数を入れて、どの数が知りたいか考えましょう。

53 まとめ 確にん問題 ⑥

1. $86 \times 4 + 96 = 440$
　 $440 \div 5 = 88$　　　　　　　　　　88点

2. $120 \div 24 = 5$　　　　　　　　　　5 a

3. $32 \div 0.8 = 40$　　　　　　　　　40cm²

54 ちょうせんじょう ペントミノづくり！

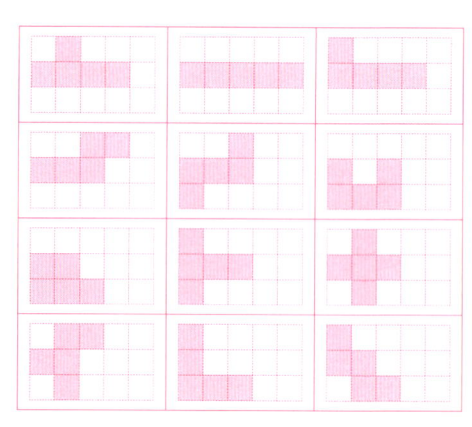

> **おうちの方へ**　答えは、同じ形であれば場所が答えと違っていても正解です。2つの図形を組み合わせて考えてみよう。

55 割合 ①

1. ① $90 \div 36 = 2.5$
　　　$2.5 \times 100 = 250$　　（割合）2.5, （百分率）250%
　② $36 \div 90 = 0.4$
　　　$0.4 \times 100 = 40$　　　（割合）0.4, （百分率）40%

2. $36 \div 120 = 0.3$
　　$0.3 \times 100 = 30$　　　　（割合）0.3, （百分率）30%

3. $84 \div 120 = 0.7$
　　$0.7 \times 100 = 70$　　　　（割合）0.7, （百分率）70%

> **おうちの方へ**　「割合」は小数または、整数で表します。
> 「百分率」は割合を×100した数です。単位は（％）です。
> 「もとにする数」がどの数かしっかりおさえましょう。

56 割合②

1. $105 \div 125 = 0.84$
   $0.84 \times 100 = 84$　　　(割合) 0.84, (百分率) 84%

2. ① $210 \div 840 = 0.25$
   $0.25 \times 100 = 25$　　　(割合) 0.25, (百分率) 25%
   ② $840 \div 1050 = 0.8$
   $0.8 \times 100 = 80$　　　(割合) 0.8, (百分率) 80%

3. $1800 \div 2400 = 0.75$
   $0.75 \times 100 = 75$　　　(割合) 0.75, (百分率) 75%

4. $17 \div 68 = 0.25$
   $0.25 \times 100 = 25$%　　(割合) 0.25, (百分率) 25%

5. $144 \div 960 = 0.15$
   $0.15 \times 100 = 15$　　　(割合) 0.15, (百分率) 15%

57 割合③

1. $65 \times 1.2 = 78$ 　　　　78人
2. $1400 \times 1.25 = 1750$ 　1750円
3. $2800 \times 0.75 = 2100$ 　2100円
4. $2400 \times 0.65 = 1560$ 　1560円
5. ① $2400 \times 0.75 = 1800$ 　1800円
   ② $1800 \times 1.08 = 1944$ 　1944円

58 割合④

1. $65 \div 0.26 = 250$ 　　　250m²
2. $360 \div 0.75 = 480$ 　　480円
3. $1900 \div 0.76 = 2500$ 　2500本
4. $42 \div 0.35 = 120$ 　　　120回
5. $170 \div 0.25 = 680$ 　　680個
6. $266 \div 0.28 = 950$ 　　950個

59 割合⑤

1. 絵 本……24%　　事典・図かん…21%
   科 学……19%　　物語…………17%
   れきし……10%　　伝記………… 5%

2. 野球選手………22%
   サッカー選手…21%
   先生……………19%
   お店……………12%
   歌手…………… 9%
   飛行士………… 5%

3. ① サッカー　　　27%
   　 野　球　　　　22%
   　 バスケット　　14%
   　 テニス　　　　11%
   　 バレーボール　 8%
   　 ラグビー　　　 3%
   　 その他　　　　15%

   ② [好きなスポーツ] (帯グラフ)

   ③ [好きなスポーツ] (円グラフ)

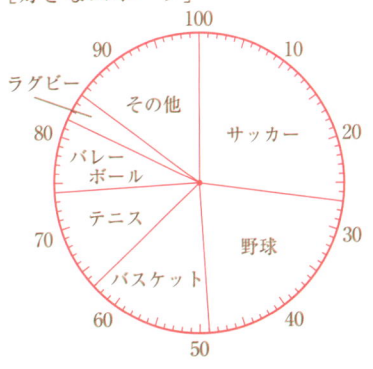

> **おうちの方へ**　グラフから読みとる問題です。帯グラフ・円グラフの1目盛りは1%です。3. ①は、スポーツ÷合計×100で求めます。サッカーなら、$81 \div 300 \times 100 = 27$(%)です。

60 かんたんな比例

1. ① | 水の深さ | 2 | 4 | 6 | 8 | 10 |
   ② | 水の深さ | 12 | 14 | 16 | 18 |

2. ① | 重さ | 3 | 6 | 9 | 12 | 15 | 18 |
   ② 重さも2倍、3倍…になる
   ③
重さ	=	長さ	×	決まった数
3	=	1	×	3
6	=	2	×	3
9	=	3	×	3

   ④ （重さ）＝（長さ）×（決まった数）
   ⑤ $7 \times 3 = 21$ 　　　　21kg

おうちの方へ 2つの数で、一方が2倍、3倍に増えると、もう1つの数も2倍、3倍になるとき「比例する」といいます。1．は1Lのときの水の深さが2で、2ずつ増えることに気付きましょう。

61 まとめ 確にん問題⑦

1. ① 0.47　② 0.003
   ③ 0.09　④ 1.83
   ⑤ 0.8
2. ① 36%　② 6%
   ③ 137%　④ 80.9%
   ⑤ 50%
3. ① 160%　② 45%
   ③ 58%　④ 78%
   ⑤ 260%
4. ① 240　② 500
   ③ 250　④ 650
   ⑤ 800

62 まとめ 確にん問題⑧

1. ① $36000 \times 0.4 = 14400$　　14400円
   ② $14400 \times 0.3 = 4320$　　4320円
2. $104 \div 0.4 = 260$　　260人
3. $6400 \times 1.2 = 7680$　　7680円

63 まとめ 5年のまとめ①

1. ① 61.62　② 33.82　③ 13.26
   ④ 21　⑤ 32
2. ① $\dfrac{5}{24}$　② $2\dfrac{13}{30}$
   ③ $\dfrac{11}{24}$　④ $2\dfrac{13}{36}$

64 まとめ 5年のまとめ②

1. $85 + 95 + 100 + 88 = 368$
   $368 \div 4 = 92$　　92点
2. $93 \times 4 = 372$
   $88 + 94 + 92 = 274$
   $372 - 274 = 98$　　98点
3. A　$720 \div 30 = 24$
   B　$520 \div 20 = 26$　　B車

おうちの方へ 5年生の計算・文章題のまとめです。このドリルで勉強したことをすべて出し切りましょう。